Social Media Balanced Scorecard

Aus dem Programm IT-Management und -Anwendungen

Balanced Scorecard
von F. Barthelémy, H.-D. Knöll, A. Salfeld, C. Schulz-Sacharow und D. Vögele

IT-Management mit ITIL® V3
von R. Buchsein, F. Victor, H. Günther und V. Machmeier

Management von IT-Architekturen
von G. Dern

Geschäftsprozesse realisieren
von H. Fischer, A. Fleischmann und S. Obermeier

IT-Controlling
von A. Gadatsch

Prozess- und Projektmanagement für ITIL®
von M. und G. Huber

IT-Management durch KI-Methoden und andere naturanaloge Verfahren
von C. und J. Klüver

Prozesse optimieren mit ITIL®
von H. Schiefer und E. Schitterer

Prozessintegration mit SAP NetWeaver® PI 7.1
von T. Zimmer

Roland Fiege

Social Media Balanced Scorecard

Erfolgreiche Social Media-Strategien in der Praxis

Mit 70 Abbildungen

PRAXIS

 Springer Vieweg

Roland Fiege
Mannheim, Deutschland
www.twitter.com/rolandfiege
rf@rolandfiege.com

ISBN 978-3-8348-1463-0   ISBN 978-3-8348-8146-5 (eBook)
DOI 10.1007/978-3-8348-8146-5

Die Deutsche Nationalbibliothek verzeichnet diese Publikation in der Deutschen Nationalbibliografie;
detaillierte bibliografische Daten sind im Internet über http://dnb.d-nb.de abrufbar.

Springer Vieweg
© Vieweg+Teubner Verlag | Springer Fachmedien Wiesbaden 2012

Einbandentwurf: KünkelLopka GmbH, Heidelberg

Gedruckt auf säurefreiem und chlorfrei gebleichtem Papier

Springer Vieweg ist eine Marke von Springer DE. Springer DE ist Teil der Fachverlagsgruppe Springer
Science+Business Media
www.springer-vieweg.de

Für meine geliebte Frau Carole
und meine Stieftochter Marlene.

Für ihre Geduld und ihr Verständnis;
für meine Eltern.

Vorwort

Viele Unternehmen haben sich mit den Herausforderungen im Einsatz von Social Media in der Unternehmenskommunikation bereits auseinandergesetzt oder wägen ab auf welchen Kanälen und mit welchem Aufwand Sie sich engagieren wollen. Dies resultiert vielerorts in Aktionismus nach dem Motto: „Wir wissen zwar nicht genau warum, aber wir müssen da rein". Angesichts des Hypes um die sogenannten Sozialen Medien lässt sich heute eine Entwicklung feststellen, die sehr stark der Phase der „Markteinführung" des Internet Ende der 90er Jahre ähnelt: Jeder will bei der mythischen Marktmaschine zunächst einmal dabei sein.

Nutzeneffekte: Zunächst unbestimmt.

Andere Firmen warten ab und fragen sich, ob es sich lohnt, aktiv zu werden, ob es wirklich sein muss, dass Mitarbeiter vom Arbeitsplatz Zugang zu XING, LinkedIn und Facebook haben, da sie Produktivitäts- und Kontrollverlust befürchten. Dies ähnelt dem Zögern in der Früh-Phase des Internet, als Firmen sich die Frage stellten „Benötigen wir eine Webseite? Muss wirklich jeder Mitarbeiter eine Email-Adresse haben? Soll ich meinen Mitarbeitern Zugang zu Google gestatten?"

Da das Social Web, anders als andere Hype-Themen der frühen Vergangenheit, Bestand haben wird, sind die o.g. Fragen verständlich – ein Aussitzen hilft aber nicht. Der strategisch richtige Weg ins Social Web und die professionelle Nutzung der aus dem Web gewonnenen Erkenntnisse sind klare Wettbewerbsvorteile.

Dieses Buch möchte Wege aufzuzeigen, wie die effektive Nutzung Sozialer Medien die Erreichung strategischer und operativer Ziele einer Organisation unterstützen kann. Der Mehrwert von Social Media entsteht nur dann, wenn eine Integration in bestehende innerbetriebliche Informations- und Entscheidungsprozesse erfolgt. Durch modernes Marketing Controlling mit Hilfe der Balanced Scorecard lässt sich ein integriertes und umfassendes Marketing Performance Management realisieren.

Bedienungsanleitung für dieses Buch

Kapitel 1 – Herausforderung Social Media

Das erste Kapitel ist eine Einführung in die Thematik Social Media und zeigt die Möglichkeiten auf, die sich für Unternehmen im Social Web bieten. Nach Vorstellung der Social Media-Marketing-Instrumente wird auf die aktuellen Social Graph Targeting eingegangen. Das Kapitel schließt ab mit einem kurzen Einblick in die Möglichkeiten der unternehmensinternen Nutzung von Social Media und gibt einen Ausblick auf zukünftige Technologien, die in diesem Zusammenhang von Interesse sein werden.

Kapitel 2 – Social Media Strategieansätze

Nach Definitionen und Begriffsklärungen werden die Merkmale einer Social Media Strategie vorgestellt. Anschließend wird auf die Integration von Social Media in die unterschiedlichsten Geschäftsprozesse eingegangen sowie einige exemplarische Social Media Strategien vorgestellt. Abschließend werden die Aspekte Ressourcen mit dem Schwerpunkt Personalauswahl betrachtet.

Kapitel 3 – Daten schürfen im Social Web

Ohne Datenbasis ist kein Social Media-Marketing sinnvoll durchführbar. In diesem Kapitel wird auf die unterschiedlichen Datentypen und Kennzahlenlieferanten eingegangen. Es werden anschliessend detailliert die Prozesse des Social Media-Monitoring sowie dessen typische Einsatzgebiete beschrieben. Darüber hinaus werden weitergehende Möglichkeiten der Datenexploration am Beispiel Facebook und Twitter aufgezeigt.

Kapitel 4 – Kennzahlen

Nach einer Einführung und Differenzierung werden Kennzahlen und KPIs im Social Media Kontext vorgestellt und deren Einsatzbereiche diskutiert. Hierbei werden typische Social Media KPIs wie Sentiment, Partizipation, Share of Voice und Reichweiten im Detail beschrieben.

Kapitel 5 – Die Social Media Balanced Scorecard

Im vierten Kapitel wird das Prinzip der Balanced Scorecard sowie das Konzept zur Social Media Balanced Scorecard vorgestellt.

Kapitel 6 – Reporting

Auf das Berichtswesen (Reporting) für Social Media wird in Kapitel sechs eingegangen und die Anforderungen der unterschiedlichen Empfängergruppen (Management, Fachbereichsebene, Communitymanager-Ebene) beschrieben.

Anhang

Im Anhang finden Sie zahlreiche Quellen rund um Kennzahlen im Online-Marketing sowie eine große Auswahl von Links zu Social Media Monitoring-Anbieter.

Literaturverzeichnis

Wer das eine oder andere Thema in diesem Buch noch detaillierter nachlesen möchte wird im Literaturverzeichnis fündig.

Management Summary

In diesem Buch wird die Integration von Social-Media-Aktivitäten als zentrale Herausforderung für das Marketing, ausgelöst durch einen Paradigmenwechsel im Marketing und in der Unternehmenskommunikation, vorgestellt. Nach der Hervorhebung der Bedeutung sozialer Medien für den Erfolg im Online Marketing, der Erläuterung der Relevanz des Web 2.0 als Wegbereiter für das Social Media-Marketing sowie der Vorstellung der Instrumente des Social Media-Marketings werden die Nutzungsmöglichkeiten, Instrumente, Monitoringmöglichkeiten, Metriken und Erfolgskennzahlen (engl.: Key Performance Indicators, kurz: KPIs) für die Erfolgsmessung von Social Media Aktivitäten dargelegt. Ebenfalls werden Ansätze vorgestellt, wie sich Social Media-Marketing in die Organisation implementieren lässt und welche Ressourcen dafür benötigt werden. Im Anschluss wird der Lösungsansatz der Social Media Balanced Scorecard vorgestellt, mit der ein Social Media-Marketing Performance Management ermöglicht wird. Abschließend werden an Fallbeispielen die Implementierung der Social Media Balanced Scorecard in der Praxis aufgezeigt und Implementierungsempfehlungen ausgesprochen.

Danksagung

Besonderen Dank für die Unterstützung beim Entstehungsprozess dieses Buches geht an Torsten Jensen für Lektorat und seinen Input hinsichtlich Gamificaton, Sebastian Wille für seine Expertise im Bereich Nahfunktechnologien und Catrin Häusser, ebenfalls für Lektorat im frühen Stadium dieses Projektes.

Roland Fiege, Mannheim im April 2012

Inhaltsverzeichnis

1   Herausforderung Social Media

„Und jedem Anfang wohnt ein Zauber inne, ..."

H. Hesse, Schriftsteller

1.1   Same, same – but different

Wir leben in einer Aufmerksamkeitsökonomie, bei der immer mehr Menschen immer mehr Zeit Online verbringen Dies führt fast zwangsweise zu immer größeren Verschiebungen bei der Verteilung von Marketingbudgets zu Gunsten von Onlinemarketing. Der „Third Screen" (das Smartphone) wird zum „First Screen" (ehemals TV) und somit steigt die Bedeutung des Online Marketing , sei es in Suchmaschinen, sozialen Medien, klassischer Bannerwerbung, E-Mail-Marketing Jahr für Jahr. Die Rolle der sogenannten sozialen Medien im Online Marketing stieg in den letzten Jahren (zumindest gefühlt) durch den rasanten Mitgliederzuwachs bei Facebook exponentiell an. Trotz der Begeisterung über soziale Medien sehen sich Führungskräfte und Marketingfachleute mit dem Problem konfrontiert, die Wirksamkeit dieser neuen Marketingkanäle zu messen und zu ermitteln, wie gut soziale Medien im Vergleich zu anderen Onlinemarketingaktivitäten dastehen. Hierbei scheint es besonders schwierig, Reichweite und deren Wirkung auf wesentliche Metriken wie Umsatzentwicklung, Konversionsereignisse und Kundenzufriedenheit zu nachzuweisen. Dies hat zur Folge, dass Entscheidungen über die Verteilung des Marketingbudgets oft aus dem Bauch heraus auf die verschiedenen Kanäle erfolgt. Dies führt oft zu einem suboptimalen bzw. falsch gewichteten Marketingmix, dessen Wirksamkeit für Entscheider oftmals nicht nachvollziehbar ist. Dieses Buch stellt Ansätze vor, wie durch den Einsatz der Social Media Balanced Scorecard strategische Organisations- und Marketingziele auf messbare operative Massnahmen heruntergebrochen werden können. Ziel ist eine bessere Allokation von Ressourcen für das Marketing in sozialen Netzwerken.

1.2   Social-Media-Revolution?

Vor nicht allzu langer Zeit hatten Unternehmen, die einem großen Publikum eine Botschaft vermitteln wollten, nur eine Option: Eine riesige Menge Kunden gleichzeitig anzusprechen, und zwar vornehmlich auf dem Weg der Massenkommunikation. Vergleichbar mit einer Einbahnstraße. Informationen über Kunden bestanden im Wesentlichen aus zusammengefassten Umsatzstatistiken, die hier und da mit einigen Marktforschungsdaten gespickt waren. Einzelne Kunden kommunizierten mit dem Unternehmen nur selten – wenn überhaupt. Heute stehen den Unternehmen viele Optionen zur Verfügung, die deutlich treffsicherer sind, als das bisherige Massenmarketing. Diese Optionen entstanden durch den verstärkten Einsatz sogenannter Web-2.0-Technologien und -Mechanismen im Internet. Die aktuelle Dynamik im Internet, die unter dem Schlagwort Web 2.0 seit einigen Jahren das Netz stark verändert, wird oftmals auch als heimliche Medienrevolution bezeichnet. Das Internet war schon immer von einer offenen Architektur für die Verbindung und Kommunikation von Anwendungen und Nutzern gekennzeichnet. Jetzt differenzieren sich diese Schnittstellen aus und ermöglichen mit einer Vielzahl neuer Features das Erfolgskonzept des „Marketing unter Freunden". Weblogs (kurz: Blogs), Wikis, Bilder-Tauschbörsen, Social Communities oder Videoplattformen sind mehr als nur modische Schlagworte der aktuellen Internetentwicklung. Unter dem Oberbegriff Social Media zusammengefasst kündigen sie neuartige Möglichkeiten der interaktiven und dynamischen Vernetzung der Internetuser an. Die Neuartigkeit dieser Internetnutzung wird mitunter als so einschneidend betrachtet, dass sogar von einem Paradigmenwechsel gesprochen wird. Das „alte" Internet, sozusagen das „Web 1.0", war statisch: Ansammlungen von Dokumenten, Bildern, die sich, einmal ins Netz gestellt, nicht mehr veränderten. Es handelte sich bei der Kommunikationsbeziehung zwischen Anbieter und Nutzern um eine klassische 1:n-Beziehung, denn ein einzelner Sender (z. B. eine Zeitung, ein Fernseh- oder Radiosender, eine klassische Website) übermittelt seine Inhalte an viele Empfänger, die darauf normalerweise nicht direkt reagieren können. Die folgende Abbildung stellt schematisch den Kommunikationsvorgang in einer 1:n-Kommunikationsbeziehung dar.

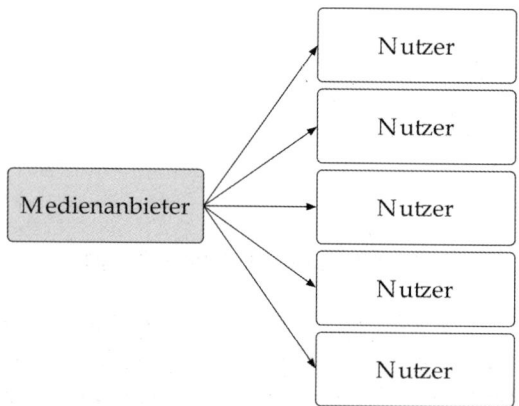

Abbildung 1:   **Schematische Darstellung einer 1:n-Kommunikationsbeziehung**

Das „neue" Internet dagegen entwickelt sich mit jedem Posting, jedem Link, mit jedem neuen Beitrag weiter. Durch die bei Social-Media-Plattformen als integrativer Bestandteil angelegte Verlinkung und die Offenheit gegenüber Inhalten von anderen Nutzern werden Inhalte sehr rasch im Internet verbreitet und führen zum schnellen Aufbau von Informations- und Beziehungsnetzwerken. Die Kommunikation über das Internet wird „sozialer". Die Art, mit der Informationen innerhalb dieser Beziehungsnetzwerke mit sehr hoher Geschwindigkeit eine enorme Reichweite erzielen, wird auch als *viral* bezeichnet.

Das im Wesentlichen nicht nur revolutionäre, sondern evolutionäre Merkmal von Social Media liegt in der sozialen Dimension der Anwendungskonzepte. Denn klassische Web-Publikationstechnologien basieren im Wesentlichen auf dem Sender-Empfänger-Paradigma, so dass es wenige konkret abgestellte und ausgebildete Autoren und Beitragende gibt und eine Vielzahl von Empfängern und Nutzern der abgelegten Informationen. Social Media basiert hingegen auf dem Grundgedanken, dass jeder zugleich Autor und Nutzer der Plattformen sein kann. Statt die Inputprozesse restriktiv und reglementiert zu gestalten, basieren die Social-Media-Plattformen auf einem offenen und sich selbst reglementierenden Prozess. Ein wesentliches Merkmal hierbei ist die Möglichkeit zu sozialer Rückkopplung (engl.: social feedback) in Form von Bewertungen, Rezensionen, Kommentaren oder Querverweisen (engl.: social ratings).

Diese soziale Rückkopplung ermöglicht eine offene n:n-Kommunikation, wie sie in der folgenden Abbildung schematisch dargestellt wird.

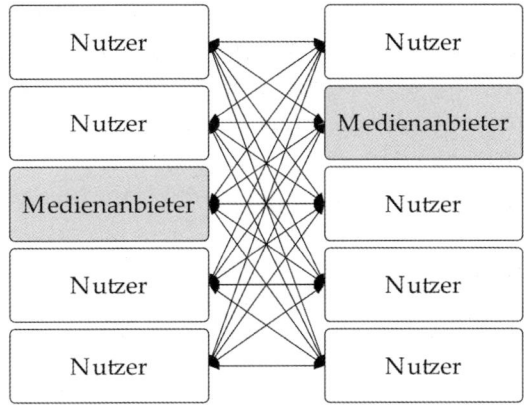

Abbildung 2: **Schematische Darstellung von n:n-Kommunikationsbeziehungen**

Damit befinden wir uns in einer neuen Ära des Wandels im Marketing. Die zentrale Herausforderung des Marketings in der Zukunft, die Integration von Social Media in den klassischen Marketingmix, besteht nicht nur aus der Beherrschung der neuen Kommunikationskanäle, sondern vor allem darin, den kulturellen Wechsel vom klassischen Sender-Verständnis des Marketings (1:n) im Web 2.0 nicht zu verfolgen, sondern zu akzeptieren, dass es bei Social Media um das Anstoßen von Konversationen geht. Das ist das eigentliche Neue an Social Media. Konversationen entstehen zwischen Individuen und nicht zwischen Menschen und anonymen Organisationen. Dies bedeutet, dass Beiträge von Organisationen im Social Web in

Form von Weblog-Einträgen, Videos, Kommentaren oder ähnlichem durch personalisierte Nutzer-Konten erfolgen sollten, nicht von anonymen Firmen-Konten. Bei Äußerungen, seien es positive, neutrale oder vor allem negative, ist eine deutliche nachfrageseitige Emanzipation zu erkennen und das Marketing muss sich der Herausforderung solcher Kanäle stellen und die bestehenden Instrumente und Kompetenzen entsprechend erweitern. Der Marketingmanager wird zum Medienmanager, der sich nicht nur in Produkten und Zielgruppen auskennt. Er versteht es, die Techniken und Chancen des klassischen Marketingmix in eine Online-Kommunikations-, Produkt-, Distributions- und Preiswelt zu übersetzen (vgl. Lembke, 2009, S. 24ff.). Die klassische Massenkommunikation hat ein Glaubwürdigkeitsproblem. Oftmals sind Botschaften von Organisationen wenig überzeugend, weil sie für den Empfänger nicht überprüfbar sind. Das schlechte Image der Werbung in der öffentlichen Meinung rührt auch daher, dass Werbeinhalte ohne die Zustimmung des Kunden überall platziert werden. Im Kampf um die Aufmerksamkeit des Kunden gilt es, das klassische Werberepertoire und die klassische Werber-Attitüde zu überdenken und zu überwinden. Marketingmaßnahmen ohne konkreten Nutzen für den Empfänger finden immer weniger Beachtung. In der gegenwärtigen Phase, in der sich der Nutzer in einer Informationsflut wiederfindet, sind innovative Werbeformate mit interaktiven und unterhaltenden Nutzenkategorien gefragt, die zum Teil mit dem eigentlichen Produkt gar nichts zu tun haben. Ein Instrument moderner Markenführung sind sogenannte Branded Communities, das sind Netzwerke, deren Nutzer sich als „Fan" einer Marke zu erkennen geben und innerhalb dieser Community einen regen Informationsaustausch zur Marke und ihren Produkten betreiben. Aus Sicht eines Vermarkters ist solch eine Community selbstverständlich ein idealer Ort, um Marketingbotschaften zu verbreiten. Doch Communities sind ebenso dicht vernetzt wie kritisch und reagieren meist mit Ablehnung auf traditionelle Verkaufskampagnen. Sie sind darüber hinaus auch eine kreative Ideensammlung für andere Abteilungen wie z. B. das Produktmanagment. Die Kunden, die dort als Markenbotschafter aus eigenem Antrieb tätig sind, fühlen sich als Eigentümer der Marke und wollen diese auch aktiv mit weiterentwickeln. Die Herausforderung für das Marketing besteht darin, dem User kontinuierlich Inhalte zur Verfügung zu stellen, mit denen er interagieren und an denen er partizipieren kann. Virale Komponenten zur Reichweitenvergrößerung, angefangen bei einem kleinen „Gefällt mir"-Button, Bewertungsmöglichkeiten von Beiträgen (engl.: Ratings), der Möglichkeiten, einen Beitrag, Photos oder Videos mit anderen zu teilen (engl.: Sharing) oder sie in die eigene Pinnwand oder den eigenen Blog einzubetten (engl.: embedding), stellen entscheidende Gestaltungselemente dar. Die kreativen (zukünftigen) Kunden und Markenenthusiasten konkurrieren dabei zunehmend mit den klassischen Werbeformen und produzieren ihre Werbespots zum Teil sogar selbst. Mit den heute frei verfügbaren, kostengünstigen digitalen Produktionsmitteln kann jede Person Botschaften veröffentlichen, imitieren und/oder verändern. Im Allgemeinen erfährt der Absender dieser selbst hergestellten Botschaften keinen ökonomischen Nutzen, daher genießt diese Kommunikationsform in der Community eine sehr hohe Glaubwürdigkeit. Die Währung, in der der Produzent hier entlohnt wird, besteht aus Aufmerksamkeit und Anerkennung innerhalb der Community, das Ganze gepaart mit der Möglichkeit zur kreativen Selbstverwirklichung. Das führt sogar dazu, dass professionell produzierte Werbung den Charme des Amateurhaften übergestülpt bekommt, um an dieser Glaubwürdigkeit zumindest auf ästhetischer Ebene zu partizipieren. Die Fähigkeit von Organisationen, in Communities personalisiert, authentisch, glaubwürdig, auf Augenhöhe und in Echtzeit eine vertrauensvolle Beziehung aufzubauen, kann als eine Kernkompetenz moderner Marketingabteilungen betrachtet werden. Eine treffende Definition von Social Media hat der Arbeitskreis Social Media des Bundesverbands der Digitalen Wirtschaft formuliert:

„Social Media sind eine Vielfalt digitaler Medien und Technologien, die es Nutzern ermöglicht, sich untereinander auszutauschen und mediale Inhalte einzeln oder in Gemeinschaft zu gestalten. Die Interaktion umfasst den gegenseitigen Austausch von Informationen, Meinungen, Eindrücken und Erfahrungen sowie das Mitwirken an der Erstellung von Inhalten. Die Nutzer nehmen durch Kommentare, Bewertungen und Empfehlungen aktiv auf die Inhalte Bezug und bauen auf diese Weise eine soziale Beziehung untereinander auf. Die Grenze zwischen Produzent und Konsument verschwimmt. Diese Faktoren unterscheiden Social Media von den traditionellen Massenmedien. Als Kommunikationsmittel setzt Social Media einzeln oder in Kombination auf Text, Bild, Audio oder Video und kann plattformunabhängig stattfinden" (vgl. BVDW, 2009, Social Media Kompass, S. 5).

Zusammenfassend ist festzustellen, dass sich Social Media den grundsätzlichen Mechaniken des Web 2.0 bedient, d.h. Nutzer können ohne IT-technische Ausbildung sehr leicht Inhalte

- publizieren und abonnieren
- teilen, bewerten und weiterleiten
- kommentieren.

Diese drei grundsätzlichen Möglichkeiten der Informationsverbreitung und _-verknüpfung sind allen Social-Media-Plattformen wie Blogs, Communities (z. B. Facebook), Video-Portalen (z. B. YouTube) und Nachrichtendiensten (z. B. Twitter) gemein. Kennzeichnend ist auch, dass zwischen nahezu allen Plattformen eine Querverbindung/Verlinkung der Inhalte möglich ist. Dies schafft eine Hyperverlinkung von Inhalten und gleichzeitig auch eine hohe Redundanz.

1.3 Nutzungsmöglichkeiten von Social Media für Unternehmen

Der explosive Mitglieder-Zuwachs, den Soziale Netzwerke verzeichnen können, macht aus ihnen ein attraktives Betätigungsfeld für die Unternehmenskommunikation. Auch wenn Social Media-Marketing erst einmal lösgelöst vom klassischen

„Werbedruck durch Online-Advertising" zu betrachten ist, bietet das Social Web zahlreiche Möglichkeiten, klassische und auch innovative Bannerwerbung außerordentlich zielgruppengenau zu platzieren.

Darüber hinaus haben Advertising-Modelle ausserhalb Sozialer Netzwerke das Problem, dass Nutzer täglich z. T. sehr viele Stunden in ihrer Community verbringen und so der „Kampf um Aufmerksamkeit" aktuell eindeutig zu Lasten anderer Portale, E-Mail Dienstleister u. ä. geht.

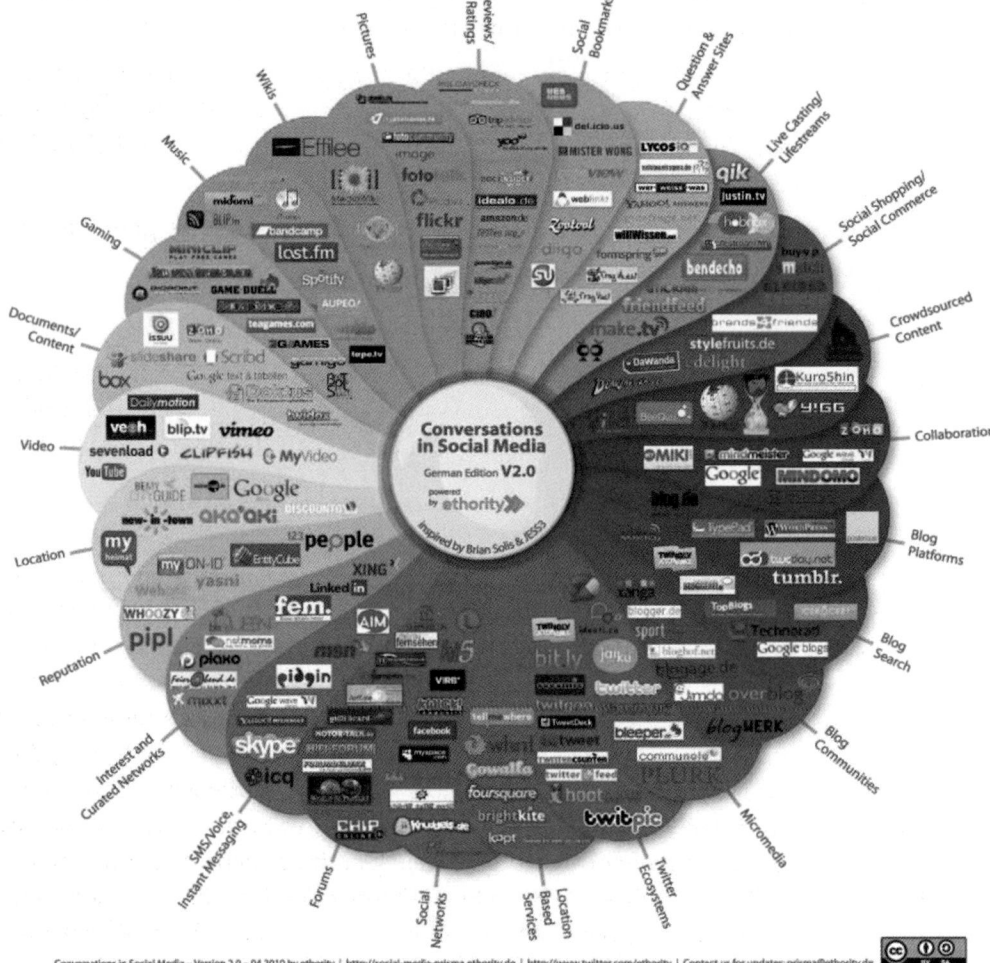

Abbildung 3:   Social-Media-Sphäre[1]

Mit der Integration von Social Media-Marketing können Unternehmen Netzwerkeffekte für sich nutzbar machen. Social Media stellen durch die große Anzahl der unterschiedlichen Nutzern einen immensen Mehrwert für Unternehmen dar, in-

---

1   Quelle: www.social-media-prisma-ethority.de

dem diese zum einen eine breite Masse an potenziellen Kunden gleichermaßen ansprechen und zum anderen zahlreiche Informationen über die Anwender sammeln können. Seth Godin hat in seinem Blog treffend festgestellt, dass ein Grund, weshalb es manchen Unternehmen so schwer fällt, sich in Social Media zu engagieren die Tatsache ist, dass Social Media ein Prozess und kein einmaliger Event sind (vgl. Godin „Seth's Blog: The reason social media is so difficult for most organizations", 2009). Daher ist es für Unternehmen notwendig, die Eigenschaft von Social Media-Engagement als Prozess zu erkennen und auch als solchen mittels der Erstellung einer Social Media-Marketing-Konzeption zu planen.

Die Anzahl und die Ausprägung von Social-Media-Anwendungen wachsen fast täglich und werden immer unübersichtlicher. Abbildung 3 liefert einen Überblick über die Bandbreite der Social-Media-Plattformen und -Dienste, die im Folgenden als Social-Media-Sphäre bezeichnet werden.

Sämtliche Social-Media-Plattformen und -Dienste haben folgendes gemeinsam - Sie befriedigen zwei grundlegende Nutzerbedürfnisse, nämlich:

1.3.1 Sharing

Das Teilen von Informationen und Gefühlen ist ein zentrales Bedürfnis der Menschen. Über Social Communities können Nachrichten ausgetauscht und Bilder veröffentlicht werden und vieles mehr. Damit befriedigen die Mitglieder ihr Mitteilungsbedürfnis.

Following

Damit man ständig über Menschen aus der eigenen Community aber auch über Firmen, Marken, Stars oder berühmte Persönlichkeiten und deren Aktivitäten informiert ist muss zuerst eine Verknüpfung hergesetllt werden. Jedes Soziale Netzwerk bietet z. T. sogar verschiedene Möglichkeiten der Verknüpfung. Ob man jemandem folgt (follow) wie bei Twitter, ob man die Person von Interesse in seine Kreise packt (vgl. Google+) oder mit ihr befreundet ist wie bei Facebook. Antriebsmotor ist das Interesse an dem, was andere und im Speziellen unsere in der Community verknüpften Freunde tun. Zentraler Punkt in Social Communities ist die Timeline (z. B. bei Facebook und Twitter). Der inhaltliche Verlauf auf der Timeline stellt die Basis der Gespräche in Social Networks dar. Gibt beispielsweise ein User bei Facebook durch einen Klick auf einen Veranstaltungshinweis bekannt, dass er daran teilnehmen wird, ist dies in seinem gesamten Netzwerks sichtbar. Gleich verhält es sich bei sogenannten Fanpages, über deren Zugehörigkeit sich die User zu Bands, Gruppierungen, aber auch zu Marken und Produkten bekennen. Bei Business Networks, wie zum Beispiel XING oder LinkedIn, informiert der Newsfeed die User über die neusten Ereignisse innerhalb seines Netzwerkes. Ob jemand seinen Arbeitgeber gewechselt hat, wer neuerdings mit wem vernetzt ist, wer eine offene Stelle zu besetzen hat, wenn jemand seine Profilangaben angepasst oder ein neues Profilbild hochgeladen hat, wenn jemand einer Gruppe beigetreten ist, einen Event besucht oder zu besuchen gedenkt.

Ebenfalls im Newsfeed ersichtlich sind sogenannte Status-Updates – eine Art Microblogging. Darüber kommunizieren User in wenigen Zeichen ihr derzeitiges Befinden, was sie gerade machen oder auch wichtige Neuigkeiten und Links.

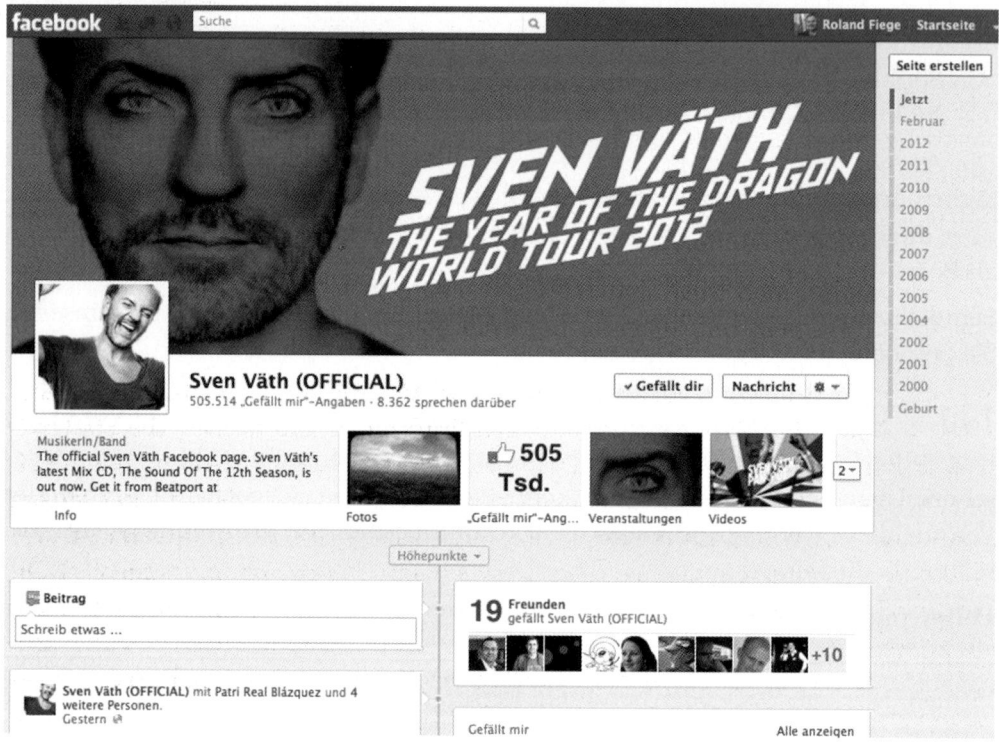

Abbildung 4:   **Timeline bei Facebook. Quelle: Facebook (Abdruck mit freundlicher Genehmigung der Cocoon Music Event GmbH)**

Reine Microblogging-Plattformen wie Twitter sind Nachrichtenströme, über die User in Echtzeit aktuelle Ereignisse oder einfach nur Geschehnisse aus ihrem Leben publizieren und kommentieren. Solche Plattformen erfreuen sich zunehmender Beliebtheit. Da Tweets, Facebook-, XING- bzw. LinkedIn-Status-Updates nach dem gleichen Prinzip funktionieren, können Twitter News neuerdings auch in Facebook und/oder XING und LinkedIn eingebunden werden, gefolgt von CRM-Systemen wie z. B. Salesforce. Dies führt zu einer Hyperverlinkung, so dass nicht mehr die einzelne Plattform an sich die wichtigste Rolle spielt, sondern Ihre Verknüpfungsmöglichkeiten und Schnittstellen (API) zu anderen Diensten in der Social Media Sphäre.

Auf sozialen Netzwerken werden zahlreiche persönliche Empfehlungen ausgesprochen: Mit dem Kommentieren von Fotos, der Statusmeldung auf der Pinnwand oder dem Beitritt zu Gruppen und Fansites (und vielem mehr wie z. B. Onlinespielen) artikulieren Nutzer in Sozialen Netzwerken ihre Meinungen und

Vorlieben. Die Tatsache, dass sich Menschen gerne zu Produkten und Marken bekennen, zeigt ein Besuch auf entsprechenden Fansites von drei zufällig ausgewählten Beispielen von Marken und die Anzahl der Fans, die sich der Marke verbunden fühlen: Nike hat fast 9 Mio., BMW fast 9,6 Mio. und Coca-Cola fast 41 Mio. Fans (Stand April 2012).

Die Information, dass ein Mitglied des eigenen Netzwerks einer Veranstaltung beiwohnt oder ein Produkt gut findet, stellt Empfehlungsmarketing in Reinkultur dar. In Zeiten zunehmenden Werbedrucks und allgemein wachsender Informationsüberlastung vertrauen Konsumenten immer stärker auf persönliche Empfehlungen.

Die Fähigkeit diesen Effekt ausnutzen zu können erweist sich zunehmend als Wettbewerbsvorteil.

1.4   Social Media als Wettbewerbsvorteil

In wirtschaflich äußerst volatilen Zeiten sind Organisationen stets gut beraten, auch die Marketing-Budgets einer strengen Prüfung zu unterziehen, die Effektivität und Effizienz der Marketingmaßnahmen genau zu hinterfragen und deren Beitrag zur Wertschöpfung zu dokumentieren. Dies war auch während der letzten Finanzkrise der Fall, doch etwas war anders: Social Media ist ein unverzichtbares Marketinginstrument geworden, selbst wenn ein Return on Investment (ROI) meist noch nicht genau feststellbar war. Für die meisten Branchen stellte sich nicht die Frage ob man im allgemeinen Hype um Social Media mitmachen sollte oder nicht, sondern eher die Frage des „Wie?". Schnell waren zahlreiche Firmen, Organisationen jeglicher Art und auch die Öffentliche Hand mit unterschiedlichsten Präsenzen im Social Web vertreten. Es finden sich zahllose Firmen-Blogs, gebrandete Facebook-Seiten, Twitter-Accounts oder Video-Kanäle auf YouTube. Es wird fleißig getwittert, Pinnwand-Statusupdates in B2B und/oder B2C-Communities abgesetzt und Social Media meist als ein weiterer hypervernetzer Sendekanal zur Verteilung von Marketing-, PR- und Werbebotschaften verstanden. Viele scheinen blind auf den neuen Zug aufgesprungen zu sein ohne zu wissen, warum sie nun „mehr" Follower und Fans benötigen und welchen messbaren Sinn und Zweck das eigentlich alles hat. Vielerorts wurden die ersten Facebook-Seiten oder Twitter-Accounts von Praktikanten oder Diplomanden eingerichet bzw. von der Werbe- oder Online-Agentur dem Unternehmen verkauft („...das braucht man heutzutage, sonst verpassen Sie den Zug..."). Doch Social Media kann mehr – viel mehr.

Professionell in die existenten Unternehmensprozesse integriert ist Social Media ein klarer Wettbewerbsvorteil. Unternehmen, die sich Ihren Kunden durch die Nutzung Sozialer Medien über die Unternehmenskommunikation hinaus öffnen, haben eine überdurchschnittliche wirtschaftliche Entwicklung in Umsatz und Ertrag zu verzeichnen. Es ist eine direkte Korrelation zwischen tiefergehendem Engagement in sozialen Medien und finanzieller Performance festzustellen. Diese

Unternehmen betrachten Social Media nicht nur als reinen Sender-Kanal für Werbebotschaften, sondern sie versuchen es, aus dem Dialog mit dem Interessenten, Kritiker, Kunden, Beschwerdeführer, Wähler, Fan oder Follower einen echten Mehrwert zu schaffen. Werden die richtigen Kanäle mit Passion, Transparenz, Authentizität und Ausdauer bespielt und begegnet man dem Kunden auf Augenhöhe, so fühlt er sich ernst genommen. Das schafft Kunden- und Mitarbeiterzufriedenheit, Vertrauen und Loyalität. Und das waren schon immer die Garanten für nachhaltigen Erfolg. Ein intensiver Kundendialog im Social Web ermöglicht es einem Unternehmen, zu identifizieren, welche Kundenbedürfnisse die Produkte der Zukunft befriedigen müssen. Auch Service und Support lassen sich gemeinsam mit dem Kunden effizienter und effektiver gestalten. In Zeiten des Fachkräfte- und Absolventenmangels erfahren wir auch viel über die Erwartungen und Ansprüche zukünftiger Mitarbeiter. Nicht selten sind Profis in der Unternehmenskommunikation geschockt, wenn Sie erfahren, wie es im Social Web um ihr das Image Ihres Unternehmens steht. Ein kontinuierliches Investment in den Dialog mit allen Stakeholdern und eine nicht nur vorgeschobene sondern gelebte Kundennähe rechnet sich; und das auf unterschiedlichen Ebenen, wie in diesem Buch im weiteren Verlauf detailliert aufgezeigt wird.

1.5 Gatekeeper 2.0: Digitale Meinungsführer und Multiplikatoren

Seit Erfindung des Buchdrucks haben sich die Rahmenbedingungen für Kommunikation in der Öffentlichkeit immer wieder verändert. In jeder Epoche gab es limitierende Faktoren und sogenannte Gatekeeper, die Informationen subjektiv nach Relevanz filtern und darüber entscheiden, was in welcher Form und Intensität thematisiert und verbreitet wird. In den Printmedien sind Journalisten und Redakteure die Gatekeeper, im Internet waren es bisher (Online-)Journalisten und Redakteure. Aktuell entsteht der Eindruck, dass durch die Transparenz und die partizipativen Möglichkeiten des Web 2.0 keine Gatekeeper mehr existieren. Dies ist nur bedingt richtig. Zunächst entscheiden die Algorithmen der Suchmaschinen über Relevanz und Rang im Internet. Da bisher nur ein geringer Anteil der Internetnutzer in der Lage und/oder willens ist, journalistische Arbeit in Form von fundiert recherchierten und gut formulierten Artikeln beizusteuern, entscheidet eine neue Spezies von Gatekeepern über die Relevanz von Themen im Internet. Analysen in der Social-Media-Sphäre zeigen, dass einige Blogger die Rolle der Gatekeeper und damit Meinungsmacher (engl.: Opinion Leaders) übernommen haben. Bekennen sich diese beispielsweise zu einer Marke, einem Produkt oder einer Partei oder vertreten sie bei gesellschaftlichen Streitfragen eine gewisse Meinung, hat dies im Netz insgesamt ein größeres Gewicht – nicht nur weil ihr Netzwerk meist größer ist als das von weniger aktiven Usern, sondern auch weil ihre Empfehlung von den Freunden als besonders bedeutend eingestuft wird. Forrester unterscheidet in einer Studie European Technographics ® Media, Marketing, and Social Computing Online Survey, Q3 2010[2] zwischen Massenkonnektoren und Massenexperten. Die Ergebnisse der Studie brachten die Erkenntnis, dass nur 4% der erwachsenen Onlinenutzer für 80% von „einflussreichen" Impressions (Basis: 120 Milliarden einflussreicher Impressions) verantwortlich waren. Diese 4% der Nutzer nennt Forrester „Massenkonnektoren". Nur 11,1% der Online Nutzer kreierten 80% von 1,1 Milliarden „einflussreichen" Posts in Blogs, Foren und sozialen Netzwerken und bekamen das Prädikat „Massenexperten. Die Gesamtbasis waren 186 Mio. erwachsener Onlinenutzer in der EU. Diese Zahlen scheinen auf verschiedene Nutzerkategorien im Social Web hinzudeuten, die unterschiedlichen Einfluss innerhalb Ihres Netzwerkes haben.

1.5.1   Nutzerkategorien im Social Web

Die grundsätzlichen Mechaniken des Web 2.0, also die Möglichkeiten eines Nutzers Beiträge zu verfassen, weiterzuleiten und zu kommentieren, werden bei weitem nicht von allen Nutzern in gleichem Masse genutzt. Der Großteil der Nutzer beschränkt sich weiterhin auf das reine Konsumieren von Inhalten. Eine besondere Herausforderung von Kommunikation im Social Web ist es, die Nutzergruppen nach passenden Gesichtspunkten zu analysieren, die nicht nur demographische und psychographische Kriterien betrachtet, sondern die die Intensität des Nutzerverhaltens nicht ausser Acht lässt. Jacob Nielsen[3] unterscheidet zwischen „Heavy Contributors", „Intermittent Contributors" und „Lurkers" und geht davon aus, dass 90% der Inhalte lediglich von 1% der Nutzer erstellt werden. Das Verhältnis von aktiven zu passiven Nutzern lässt sich quer durch alle Medien, sei es im Social Web oder in einer unternehmensinternen Web 2.0 Plattform wie einem Wiki, Jive o.ä. sehr gut messen. In diesem Buch wird dieser *Partizipations-Index*, basierend auf Nielsens 1:9:90 Regel (Nielsen, 2006) als ein wichtiger Indikator zur Erfolgmessung herangezogen.

Eine detailliertere Unterscheidung macht Josh Bernoff (Bernoff, 2010) mit der Social-Technografics-Leiter. Bevor ein Unternehmen einen Blog, eine Facebook-Seite o.ä. startet muss unbedingt vorher analysiert werden, wie und wo seine Anspruchsgruppen Social Media nutzen.

---

2   http://www.forrester.com/European+Technographics+Media+Marketing+And+Social+Computing+Online+Survey+Q3+2010/-/E-SUS801?objectid=SUS801

3   http://www.useit.com/alertbox/participation_inequality.html

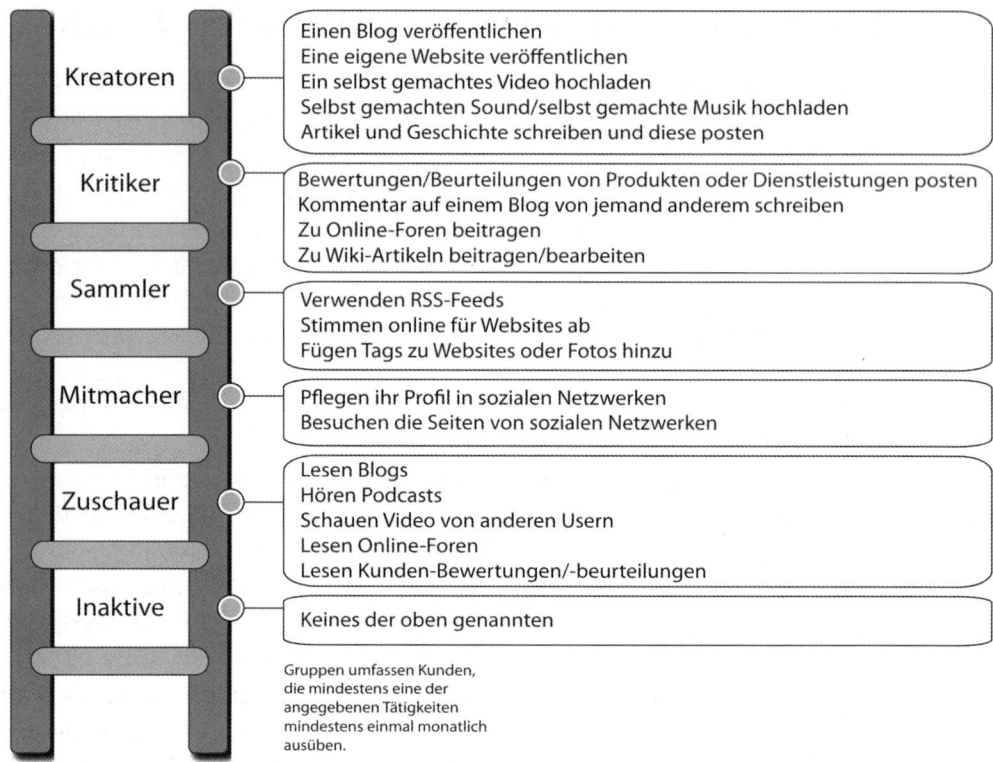

Abbildung 5:   **Social Technographics Leiter Quelle: Erstellt nach Forrester Research, Inc.[4]**

Um Mitglied einer Gruppe auf einer Sprosse zu werden, reicht es, mindestens einmal pro Monat bei den aufgeführten Aktivitäten mitzumachen. Ein User kann gleichzeitig Mitglied von mehren Gruppen sein, Beispielsweise als "Zuschauer" bei Podcasts, als Mitmacher in Facebook und als Sammler in einem Bookmarking-Dienst. Die Nutzer beteiligen sich aus ganz unterschiedlichen Motiven am Social Web.

Gleichgültig, ob man Nutzer in drei Kategorien wie J. Nielsen oder in sieben Kategorien wie oben beschrieben aufteilt, ein Netzwerk, eine Community im Social Web, eine Gruppe im B2B-Kontext oder ein Enterprise 2.0-Projekt lebt von der Interaktion seiner Nutzer. Der entscheidende Punkt ist nicht, alle Motivationen auszuloten, sondern die Hebel zu finden, über die ein Unternehmen seine Kunden und/oder Mitarbeiter dazu motiviert, sich zu beteiligen.

---

4   http://blogs.forrester.com/jackie_rousseau_anderson/10-09-28-latest_global_social_media_trends_may_surprise_you

1.6   Digital Natives – die Mitarbeiter und Kunden der Zukunft

Die Gesellschaft teilt sich in zwei kulturelle Gruppen auf: Digital Natives, die in die Welt der Computertechnik hineingeboren wurden, und Digital Immigrants, die als Erwachsene in die Computerwelt eingewandert sind. Die jüngere Generation die sogenannten Digital Natives sind mit einer Technologie aufgewachsen, die immer einflussreicher und kompakter wird – sie haben das Internet buchstäblich in der Tasche. Für Digital Natives sind Multitasking und Parallelverarbeitung praktisch ein Kinderspiel. Durch die Bombardierung mit digitalen Reizen hat das jugendliche Gehirn gelernt, schneller zu reagieren, aber es kodiert Informationen anders als ein älteres Gehirn. Digital Natives haben tendenziell eine kürzere Aufmerksamkeitsspanne, insbesondere wenn sie mit herkömmlichen Formen des Lernens konfrontiert werden. Dieser jungen Hightechgeneration ist simples, konventionelles Fernsehen zu lahm und zu langweilig. Ein Drittel der jungen Leute nutzt weitere Medien, insbesondere das Internet, während es fernsieht. Schon die Neun- bis Dreizehnjährigen sind fast ständig mit Multitasking beschäftigt, bestücken Smartphones mit Musik und Videos, chatten per Instant Messaging mit ihren Freunden, während sie gleichzeitig ihre Hausaufgaben machen. Der Schulhof, also das analoge soziale Netzwerk, wird am Nachmittag nahtlos in Facebook weitergeführt. Die jungen Leute von heute verbringen viel weniger Zeit mit Lesen als jede vorangehende Generation. Einige Digital Natives beklagen, dass Bücher ihnen das Gefühl geben, isoliert zu sein – sie wollen online mit ihren Freunden verbunden sein und nicht allein mit einem Buch in ihrem Zimmer oder in einer Bibliothek sitzen. Digital Natives leben in einer schrumpfenden Welt. Da nahezu alles und jeder rund um die Uhr erreichbar ist, avancieren Internet, E-Mail und Instant Messaging zu den Kommunikationsmethoden der Wahl für viele junge und ältere Menschen. Immer mehr Leute bloggen, Schüler halten Onlinekontakt zu ihren Lehrern, Arbeitskollegen oder Freunde tauschen sich per E-Mail aus. Sogar die traditionelle Partyeinladung wird inzwischen über Social Communities versendet. Für einige Netzwerke besteht sogar ein gewisser Gruppenzwang zur Teilnahme: Ein Schüler in der Pubertät ohne Facebook-Account? Fast überall ein Außenseiter, da er nicht up-to-date ist und die aktuellen Diskussionsthemen nicht mitverfolgen kann. Man „existiert" schlicht und ergreifend nicht und verpasst dadurch Termine und Einladungen, was wiederum direkte Auswirkungen auf die soziale Stellung in der Gruppe im realen Leben hat.

Sicherlich sind die Intensität und vor allem die parallele, gleichzeitige Nutzung verschiedener Medien etwas Altersspezifisches. Betrachtet man jedoch die Altersverteilung in verschiedenen sozialen Netzwerken in Deutschland, so ist festzustellen, dass alle Altersgruppen vertreten sind und dass die demographische Verteilung je nach Angebot und Anspruch der Social-Media-Plattformen auch das entsprechende Publikum anzieht.

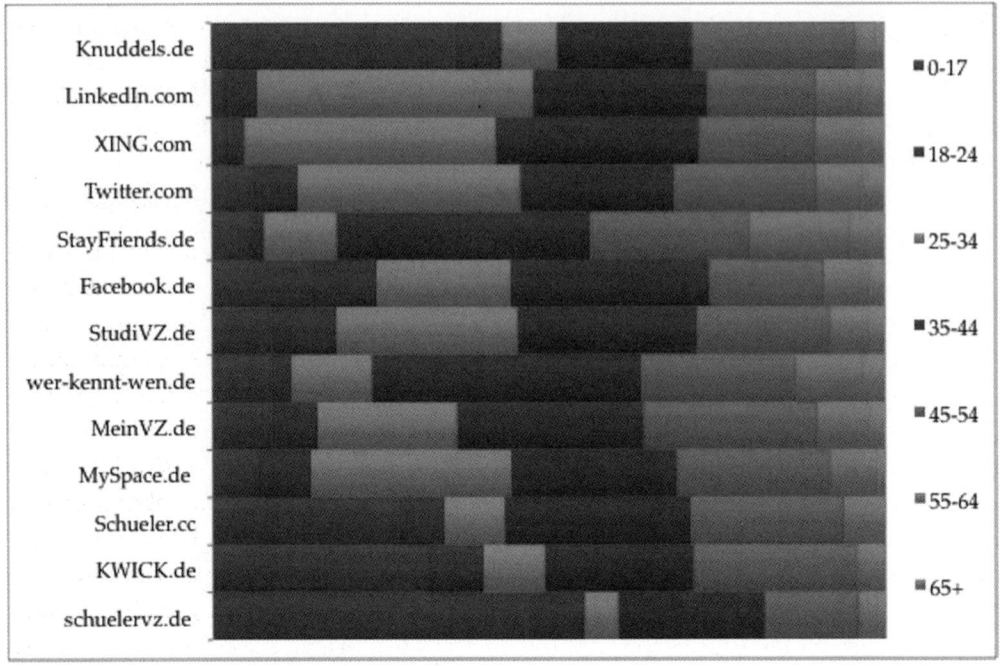

Abbildung 6:   **Verteilung der Altersstruktur in unterschiedlichen sozialen Netzwerken**
                      Quelle: Google Ad Planner (Stand: April 2012)5

Nutzungsfrequenz und Nutzungsorte von Internet und Computer bei Jugendlichen: Die regelmässigen Studien des MPFS (Medienpädagogischer Forschungsverband Südwest)[6] sowie die ARD/ZDF Onlinestudien zum Medienumgang von Jugendlichen im Internet zeigen die Fakten. Jugendliche ohne Handy, Computer und Internetzugang sind eigentlich nicht mehr zu finden. 100% der Jugendlichen haben einen Computer oder Laptop, 99% haben Internetzugang (Quelle: JIM Studie 2011[7]). Ein weiterer Megatrend ist die Verbreitung und Nutzung von internetfähigen Smartphones. Die Hälfte aller Facebook-Nutzer nutzt das Netzwerk bereits Mobil (Stand: Dezember 2011[8]) und die Verkaufszahlen der mobilen und handlichen Supercomputer nehmen stetig zu. Ergänzt durch die immer stärkere Durchdringung des Tabletmarktes (z.B. iPad) ist somit der Anteil der „always on(line)"-Bevölkerung klar im Vormarsch. Für Handelsunternehmen bedeutet das unter anderem, dass der Kunde sich immer und überall unmittelbar über Produkte und Erfahrungen mit Dienstleister äußern kann. Einschränkend sind derzeit hauptsächlich die Datentarife, die meist nach einem gewissen Datenumsatz für den Rest des

---

5   www.google.com/adplanner/

6   www.mpfs.de

7   www.mpfs.de/fileadmin/JIM-pdf11/JIM2011.pdf

8   http://newsroom.fb.com/content/default.aspx?NewsAreaId=22

Monats gedrosselt werden. Unternehmen, speziell im Gastronomiebereich können diese Nachfrage zu ihrem Vorteil nutzen, indem sie ihren Kunden eine Internetanbindung (z. B. WLAN) in ihrem Ladenlokal zur Verfügung stellen und so zu einem Magnet für Online-User werden. Internetverfügbarkeit und Bandbreite ist somit ein Wettbewerbskriterium geworden.

Tätigkeiten am Computer/im Internet: Gemäss der ARD/ZDF Onlinestudie 2011[9] steht die Nutzung von Onlinecommunities nach Emailnutzung und Suchmaschinennutzung mit 71% auf Platz 3. Die Tagesreichweite bei den 14- bis 29-Jährigen beträgt inzwischen 86% bei einer durchschnittlichen Nutzungsdauer von 168 Minuten/Tag. Die Aufteilung der Nutzung in die Kategorien Kommunikation (Communities, Chat, E-Mail, Messenger), Informationsagebote Unterhaltung (Musik, Videos, Bilder) und Spielen im Internet zeigt, dass 40% der Zeit mit Kommunikation verbracht wird. Im Altersverlauf bleibt die Kommunikationsfunktion des Internets die bestimmende Komponente. Je älter die Internetnutzer aber werden, desto höher wird der Nutzungsanteil für die Informationssuche. Umgekehrt verlieren Spiele und unterhaltende Elemente, bezogen auf die gesamte Nutzungszeit, an Bedeutung. Zentrale Elemente der Onlinekommunikation Jugendlicher sind Communities/Netzwerke: über 60% der 14- bis 19-Jährigen haben auf diese Weise täglich Kontakt zu anderen.

Jugendliche in sozialen Netzwerken: Jugendlichen mit einem Online-Zugang besuchen Plattformen wie Facebook also mindestens mehrmals pro Woche, meist sogar täglich. 79% der Jugendlichen hat inzwischen die Privacy-Option aktiviert (Quelle: JIM-Studie 2011), die eingestellte Informationen nur einem selbst definierten Nutzerkreis zugänglich machen. Jugendliche wissen also inzwischen sehr wohl, welche Informationen Sie wem zugänglich machen wollen und lernen so spielerisch den Umgang mit Rechte- und Rollensystemen; ein gutes Zeichen für gestiegene Medien- und Informationskompetenz. Kommunikation ist für Jugendliche das zentrale Nutzungsmotiv, sei es über Chats, Instant Messenger oder immer häufiger über Online-Communities. Die Nutzung von Communities hat sich inzwischen zu einem festen Bestandteil des Alltags etabliert. Nach wie vor ist das Internet für Jugendliche vor allem ein Medium zur Kommunikation, knapp die Hälfte ihrer Nutzungszeit verbringen sie in sozialen Netzwerken, halten Kontakt über Instant Messenger, schicken Mails oder Chatten. Andere Formen von User Generated Content werden dagegen nur von einem kleinen Anteil der Jugendlichen regelmäßig erstellt und stehen keineswegs im Mittelpunkt der Anwendungen. Diese Art der Mediennutzung bei Jugendlichen erfordert somit eine zielgruppenspezifische Ansprache, nicht nur hinsichtlich der Auswahl der Marketinginstrumente, sondern auch der Art und Weise, wie werbliche Inhalte kommuniziert werden. Innerhalb der Social-Media-Sphäre sind die von Jugendlichen

---

9   www.ard-zdf-onlinestudie.de

bevorzugten Plattformen und Kanäle, insbesondere die hohen Nutzungsanteile von Instant-Messaging-Plattformen und Communities beim Marketingmix mit entsprechender Gewichtung zu berücksichtigen.Hält man sich diese Entwicklung vor Augen wird kl ar, dass die Arbeitswelt in die die Digital Natives hineingebildet werden bzw. ihre Kommunikationsmittel und -geschwindigkeit weg von E-Mail hin in Richtung Echtzeitkommunikation und Social Networking verändern wird. Arbeitgeber, die aus Sicht von Auszubildenden oder zukünftigen Hochschulabsolventen hier technologisch nicht mitziehen, gelten als „angestaubt" und „uncool".

1.7   Web 2.0 bereitet den Weg für das Social Web

Dieser Abschnitt bildet die theoretische Basis für die nachfolgenden Kapitel. Im ersten Unterkapitel wird auf die Herkunft und Definition des Begriffs „Web 2.0" eingegangen. In den nachfolgenden Kapiteln wird die Bedeutung der Web-2.0-Technologien für Social Media aufgezeigt und im Anschluss werden einige Web-2.0-Instrumente vorgestellt, die sich für Social Media-Marketing eignen.

1.7.1   Definition Web 2.0

Web 2.0 ist das Ergebnis eines Brainstormings zwischen Tim O'Reilly und Dale Dougherty, in dem sie zusammen mit MediaLive International die neuen Techniken und Trends des Webs aufgriffen. Es wurde beschlossen, eine Konferenz zu veranstalten, bei der die Veränderungen des Webs nach dem Platzen der Dotcom-Blase im Mittelpunkt stehen sollten. Als Schlagwort für die so zahlreichen wie verschiedenen Beobachtungen wählte O'Reilly den Begriff „Web 2.0". Im Herbst 2004 fand die erste „Web 2.0 Conference" in San Francisco statt (vgl. Lange, 2007, S. 6).

Web 2.0 wird oftmals als ein Modewort, eine Marketing-getriebene Begrifflichkeit für eine Reihe von Technologien wie Ajax oder RSS, für neue Arten von Anwendungen wie z. B. Weblogs, Instant Messenger oder Google Earth gesehen, aber vor allem steht es für eine andere Art, das Web zu nutzen (vgl. Rabe, 2007, S. 47). Während im Web 1.0 der Nutzer eher ein passiver Informationskonsument von statischen Inhalten war, ist er im Web 2.0 potenziell als aktiver Lieferant von Inhalten zu sehen. Der Internetnutzer ist durch die Verbreitung der typischen Web-2.0-Technologien vom Konsumenten zum konsumierenden Produzenten (Prosumer) geworden. Die Bezeichnung des Web 2.0 als „Mitmach-Internet" ist daher durchaus zutreffend. Für dieses Buch soll folgende Definition für den Begriff Web 2.0 zugrunde gelegt werden: „Unter Web 2.0 wird eine Reihe von Entwicklungen im Netz zusammengefasst, die Soziale Netzwerke und User Generated Content in den Mittelpunkt stellen. Dabei verwischt die klassische Rollenverteilung von Medienanbietern und -konsumenten und es entstehen zahlreiche neue Kommunikationsformen" (vgl. Meckel, 2008, S 12ff.). Web 2.0 lässt sich durch folgende Charakteristika beschreiben: Web-2.0-Anwendungen füllen hinsichtlich ihrer angebotenen Funktionalität und ihres Zwecks für den Nutzer eine exakt umrissene Internetnische aus bzw. schaffen eine solche überhaupt erst. Im Vordergrund stehen dabei die möglichst unkomplizierte Nutzbarkeit einer Anwendung durch die breite Masse der Internetanwender und ein damit verbundener, hoher Automatisierungsgrad (beispielsweise hinsichtlich des Managements der Nutzeraccounts). Solche Nischenanwendungen machen in ihrer Gesamtheit den größten Teil der denkbaren Internetanwendungen aus. Da sich Web-2.0-Anwendungen hauptsächlich durch ihren Datenbestand differenzieren, sollte dieser, um Wettbewerbsvorteile zu erreichen, möglichst einzigartig und schwer kopierbar sein. Dem Nutzer soll es möglich sein, eigene Inhalte zum Datenbestand der Web-2.0-Anwendung hinzuzufügen und so deren Wert zu erhöhen. Dies gilt umso mehr für Social Communities. Nur vergleichsweise wenige Nutzer generieren aktiv Inhalte für die Web-2.0-Anwendungen, daher werden zusätzlich auf automatisierte Weise Daten bei der Nutzung der Anwendung im Hintergrund gesammelt. So erhöht sich der Wert einer Web-2.0-Anwendung (bzw. ihres Datenbestandes) auch bei rein „passiver Nutzung" ohne aktives Hinzufügen von Inhalten durch die Nutzer. Beschleunigte Softwarelebenszyklen werden zunehmend unbedeutender, denn die Software befindet sich immerwährend im Beta-Stadium, weil neue Versionen der Web-Anwendungen teilweise im Stundentakt eingeführt werden. Viele dieser Anwendungen hatten als Ausdruck dieses Charakteristikums über Jahre hinweg einen Beta-Zusatz in ihrem Logo (vgl. Rabe, 2007, S. 49). Offene Schnittstellen (APIs) und die Nutzung von fremden Services ermöglichen eine lose Kopplung von Web-2.0-Anwendungen.

Leichtgewichtige Architekturen

Da die Syndizierung qualitativ hochwertiger, spezifischer Informationen zunehmend zur treibenden Kraft der Internetwirtschaft avanciert, gibt es zukünftig verstärkt die Möglichkeit, Informationen aus verschiedenen Quellen einfach auswählen, verbinden, erweitern und kombinieren zu können. Aus Sicht der beteiligten Unternehmen erfordert dies vor allem offene, auf leichtgewichtigen Technologien basierende Programmierschnittstellen und (z. B. mittels des sogenannten REST-Stils realisierte) Architekturen, die eine schnelle Erstellung eigener Dienste (sogenannte Mashups) und eine einfache Nutzung fremder Dienste ermöglichen. Viele innovative Geschäftsideen des Web 2.0 basieren auf der neuartigen und effektiven Kombination bestehender Komponenten; Mehrwerte entstehen erst durch das Zusammenspiel verschiedener, spezialisierter Informationsdienste (vgl. Kollmann, 2009, S. 62ff.).

Geräteunabhängigkeit

Die Nutzungsmöglichkeiten des Social Web beschränken sich nicht nur auf stationäre oder mobile PCs, sondern mit fortschreitender Konvergenz von Internet, Mobilfunk und Digitalfernsehen werden ihre Informationen auch auf sehr leistungsfähigen mobilen Endgeräten wie z. B. Smartphones, Tablets, Navigationssysteme wie auch MP3- und/oder Videoabspielgeräten verfügbar. Es ist davon auszugehen, dass die Nutzung des Social Web über mobile Endgeräte in naher Zukunft die Nutzungszeiten auf stationären Endgeräten überschreitet. Die Werbung steht dadurch vor neuen Herausforderungen. Der Kunde erwartet ein sogenantes 360°-Marketing. Dazu müssen übergreifende Strategien geschaffen werden, welche die Ansprache über die verschiedensten Kanäle und Endgeräte hinweg geschickt miteinander koppelt, Dabei hilft ein genaues Targeting der Zielkunden (vgl. Kapitel 1.9).

Bedeutung des Web 2.0 für Social Media-Marketing

In diesem Abschnitt wird zunächst der Begriff Social Software erläutert und im Anschluss werden die theoretischen Grundlagen von Folksonomy, Forum, Instant Messenger, Podcast, Social Networks, Microblogging, Weblogs und Wikis vorgestellt. Social Software wird häufig mit Web 2.0 gleichgesetzt, eine Abgrenzung der beiden Begriffe ist schwierig. Gemein ist ihnen aber im Wesentlichen, dass sie neuartige Möglichkeiten der interaktiven und dynamischen Vernetzung von Webnutzern darstellen. Als Social Software bezeichnet man Programme und Anwendungen, mit denen die Nutzer soziale Netze knüpfen können. Im Web 2.0 gibt es immer mehr sogenannte Social-Software-Angebote. Programmiert werden sie alle für einen Zweck: Sie unterstützen die Kommunikation, Interaktion und Zusammenarbeit zwischen Nutzern. Deshalb sollen sie leicht zu erlernen sein, der Nutzer sollte möglichst intuitiv agieren können (vgl. Lange, 2007, S. 6ff.). Social-Software-Plattformen werden genutzt, um mit Menschen zu kommunizieren, zu kollaborieren oder um auf eine andere Art zu interagieren. Eine besondere Eigenschaft dieser Plattformen ist, dass sie weitgehend mittels Selbstorganisation funktionieren. Sie bilden die Basis, die Schnittstellen und das Gerüst für die Kommunikation zwischen deren Nutzern; die Inhalte werden von den Nutzern weitestgehend selbst beigesteuert, kommentiert und weiterverbreitet. Diese Tatsache ist bei der Nutzung von Social-Media-Instrumenten für Marketingmaßnahmen zu bedenken, da hier die klassische Herangehensweise des Marketings meist scheitert. Trotz steigender Budgets für Marketingaktionen im Social Web bleiben deutsche Marketer bisher oft erfolglos. Als hauptsächliche Misserfolgsfaktoren hätten sich mangelndes Verständnis über Wirkungsweisen von Kampagnen im Social Web und nicht definierte Verantwortlichkeiten erwiesen (vgl. Absatzwirtschaft, 11/2009, S. 7).

1.8   Das Social-Media-Marketinginstrumentarium

Das Spielfeld für Social Media-Marketing ist weit, vielfältig und einem ständigen Wandel unterzogen. Auf den folgenden Seiten werden Instrumente des Social Media-Marketings vorgestellt. Folgende Prinzipien sind in Bezug auf Social Software von Bedeutung (vgl. Hipper, 2006, S. 6ff.): Das Individuum bzw. eine Gruppe von Individuen (Community) steht im Mittelpunkt, die Social Software und ihre Nutzer organisieren sich selber, es wird eine Rückkopplung (Social Feedback) in Form von Querverweisen, Kommentaren oder Punkten etc. (Social Ratings) unterstützt. Die einzelne Information steht nicht im Fokus, sondern die Struktur, die aus der Verknüpfung der Informationen entsteht. Anstatt einer reinen One-to-One-Kommunikation wird eine kollektive Kommunikation der Individuen gewünscht. Personen, deren Beziehungen untereinander, ihre erstellten Inhalte und die Bewertungen dieser Inhalte sind sichtbar. Allgemein werden nach Hippner drei Zieldimensionen bei Social Software verfolgt: Veröffentlichung und Distribution von Informationen, Kommunikation zwischen den Teilnehmern, Entstehung und die Verwaltung von Beziehungen.

1.8.1   Folksonomy, Tagging

Unter Folksonomy (Folk + Taxonomie), auch „Collaborative Tagging" genannt, versteht man den Vorgang, bei dem durch eine Vielzahl von Nutzern Metadaten in Form von Schlagwörtern zu einem öffentlich zugänglichen Inhalt hinzugefügt werden, um diese Inhalte zu klassifizieren (vgl. Golder, 2005). Wichtige Aspekte hierbei sind, dass die Schlagwörter aus einem flachen Namensraum kommen, eine vollkommen freie Wahl der Klassifikationsbegriffe besteht und dass zwischen den Begriffen keine direkte Eltern-Kind- oder Geschwisterbeziehung vorhanden ist (vgl. Mathes, 2004).

Umgesetzt wird das Verfahren durch sogenannte Tags. Ein Tag ist eine präzise Beschreibung einer Sache genau durch ein Wort. Eine Visualisierung von Tags kann auf Webseiten auch als sogenannte Schlagwort-Wolken (engl.: Tag Clouds) erfolgen.

Abbildung 7:   **Beispiel einer Tag-Cloud**

Plattformen wie Flickr oder delicious setzen dieses Konzept um. So funktioniert delicious beispielsweise wie die Favoritenliste des Browsers, nur dass die Favoriten als Tags online und nicht lokal gespeichert werden. Durch die Freigabe der Favoriten ermöglicht dieses Verfahren, Webseiten zu kategorisieren und mit gemeinsamen Assoziationen der Nutzer zu verbinden. Objekte (Artikel, Fotos, Videoclips etc.) können indiziert bzw. „getaggt" werden, um ein späteres Wiederfinden zu erleichtern. Dieser Tag kann als Code verstanden werden. Der Nutzer hat die Möglichkeit, diese Tag-Sammlung für persönliche Zwecke der Selbstorganisation zu verwenden oder sie mit der Öffentlichkeit zu teilen. Objekte mit gleichen Tags oder Benutzer mit ähnlichen Interessen können dadurch in Verbindung gebracht werden. Die aus der gemeinschaftlichen Indexierung (Social Tagging) entstehende Vernetzung wird auch als Folksonomy bezeichnet.

1.8.2   Foren

Als Forum bezeichnet man eine webbasierte Diskussionsplattform. Eine spezielle Darstellung eines Forums ist das Board, bei dem, im Gegensatz zum klassischen Forum, die Diskussionsbeiträge typischerweise in einer hierarchischen Baumstruktur angezeigt werden. Die beiden Ausprägungen Forum und Board unterscheiden sich folglich nur in ihrer Art der Darstellung, jedoch nicht in der Idee der Schaffung einer elektronischen Diskussionsplattform. Es können Themen (Topics) oder synonym Diskussionsfäden (Threads) erstellt werden, in denen die Mitglieder des Forums Beiträge (Postings) erstellen können. Diese Beiträge können von anderen Mitgliedern gelesen und beantwortet werden. Um eine besserer Übersichtlichkeit über die Beiträge des Forums zu erhalten, werden Themen in Unterforen unterteilt. Dadurch werden Beiträge in Themen besser strukturiert (vgl. Bächle, 2006, S. 121ff.).

Um an Diskussionen teilnehmen zu können, bedarf es bei den meisten Foren einer Anmeldung. Bei einem neuen Beitrag oder einem neuen Kommentar können sich Teilnehmer automatisch mittels RSS-Feeds benachrichtigen lassen (vgl. Safko, 2010, S. 124 f.). Für Unternehmen besteht eine große Chance in der Beobachtung themenrelevanter Foren, speziell im B2B-Bereich. Daher sollten sich Unternehmen dort aktiv an den Unterhaltungen beteiligen, denn hierdurch können zum einen Trends und relevante Themen der Nutzer erkannt werden und zum anderen wird Aufmerksamkeit für das Unternehmen erzeugt (vgl. Scott, 2010, S. 104).

1.8.3   Instant Messenger

Ein Instant Messenger ist eine Client-Software, die durch einen serverbasierten Webdienst die textuelle Kommunikation über das Internet in Echtzeit (Instant Messaging) erlaubt. Diese Kommunikationsform wird als chatten (deutsch: plaudern) bezeichnet. Mittlerweile bieten viele Instant Messenger auch Sound oder Video-Chat-Funktionen an. Instant Messaging erlaubt die Kommunikation zwischen zwei oder mehr Gesprächspartnern. Eine weitere Funktion ist beispielsweise das Adressbuch, das sowohl die selbst angelegten Instant-Messenger-Nummern als auch deren Online- bzw. Offline-Status verwaltet und anzeigt. Die Kommunikation in verteilten Teams ist, unabhängig vom Standort der einzelnen Teammitglieder, einfach realisierbar. Beispielsweise ist es bei dringenden Fragen sofort möglich, den Status des Gesprächspartners abzufragen und ihn direkt zu kontaktieren, um eine möglichst schnelle Antwort zu bekommen (vgl. Bächle, 2006, S. 121ff.). Zwei Beispiele für bekannte Instant-Messenger-Programme sind AIM (AOL Instant Messenger) und ICQ (homophon für „I seek you", engl.: Ich suche dich). Heutzutage ist das Instant Messaging einer der meist genutzten Dienste des Internets. Im Zusammenhang mit mobilen Endgeräten werden bestehende Geschäftsmodelle, wie z. B. SMS ausgehebelt. Die Kunden nutzen immer intensiver ihre kostenlosen Instant Messenger oder vergleichbare Apps zur Kommunikation.

1.8.4 Podcast

Der Begriff Podcast ist ein Kunstwort, das sich aus den Begriffen iPod, einem MP3-Player der Firma Apple, und Broadcast (im Englischen Synonym für Rundfunk- oder Fernsehübertragung) ableitet. Unter Podcasting wird das Produzieren und Anbieten von Audio- und je nach Gerätetyp auch Videodateien über das Internet verstanden. Beim Podcasting steht das gesprochene Wort im Mittelpunkt. Der Podcaster (der Informationsbereitsteller) stellt die Audiodatei nach dem Produzieren auf einem Internetserver zur Verfügung und trägt die Internetadresse der Audiodatei in einem RSS-Feed („Really Simple Syndication" oder „Rich Site Summary") ein. Im Falle eines Podcasts kann der Hörer mittels eines RSS-Readers, beim Podcasting „Podcatcher" genannt, nicht nur den RSS-Feed lesen, sondern auch die Audiodatei herunterladen und abspielen (vgl. Hippner, 2006, S. 6ff.). Neben Audiodateien können auch Videos und Fotos nach dem gleichen Schema verbreitet werden. Diese Form des Podcastings wird auch häufiger mit dem Namen Videocasting oder Video-Podcast bezeichnet.

1.8.5 Newsfeeds und Newsaggregatoren

Newsfeed-Technologien gehören ebenfalls zu den Anwendungen von Social Software und werden oft im Zusammenhang mit Weblogs genannt. Unter Newsfeeds wird ein Datenformat (z. B. RSS) verstanden, das genutzt wird, um Aktualisierungen einer Website an interessierte Nutzer zu verteilen. Die Zusendung der Informationen muss vorher vom Nutzer abonniert werden, wodurch er ständig und automatisch über jede Aktualisierung informiert wird, ohne die Website dabei aufzurufen. Ein weiterer Vorteil von Feeds ist ihre Push-Funktionalität, d.h., der Nutzer bekommt nur das, was er bestellt hat, und zwar ohne seine E-Mail-Adresse bekanntgeben zu müssen. Somit besteht bei Newsfeeds keine Gefahr durch Spam. Auch das Abonnement kann jederzeit abbestellt werden. Newsaggregatoren sind Programme und Webservices, die XML-basierte Inhalte (bzw. abonnierte Feeds) nach Aktualisierungen durchsuchen und diese in chronologischer Reihenfolge aggregiert anzeigen. In Unternehmen dienen sie zur Unterstützung des persönlichen Wissensmanagements. Mitarbeiter von Unternehmen sehen sich oft überfordert mit der täglichen Informationsflut sowie der Selektion, Begutachtung und Ablage, die viel Zeit in Anspruch nehmen. Ein großer Teil dieser Informationen stammt aus E-Mails, die wiederum Links zu anderen Seiten beinhalten. Das Konzept der Newsaggregation unterstützt Nutzer dabei, die notwendigen Informationen leichter zu filtern, indem sie Informationen automatisch aus den unterschiedlichsten Quellen sammeln, aufbereiten und ablegen (z. B. Google Reader).

1.8.6   RSS und ATOM

RSS wurde im September 2002 von Userland veröffentlicht und steht für „Really Simple Syndication". Die Harvard University hat dieses Format geschützt bzw. eingefroren, signifikante Änderungen wird es daher nicht mehr geben. Mittlerweile hat sich diese Version am Markt durchgesetzt und deckt zwischen 60% und 80% ab. Das Besondere an der RSS Version 2.0 (RSS 2.0) ist, dass es kein reines Nachrichtenformat mehr ist, sondern auch multimediale Inhalte abbilden kann. Das ATOM Syndication Format basiert ebenfalls wie RSS auf einem XML-Format und ermöglicht den Austausch von Web-Informationen. Anders als bei RSS enthält ATOM Informationen darüber, welche Dokumentenart der Inhalt besitzt.

1.8.7   Social Networks

Social Networks sind Kommunikationsplattformen, die das Ziel verfolgen, soziale Netzwerke gezielt aufzubauen und zu verwalten. Dieses Ziel wird durch die Verknüpfung der Kontakte aller Benutzer und damit durch den Aufbau eines engmaschigen Netzwerks der Nutzer verfolgt. Ein solches Netzwerk ist Basis zum Knüpfen neuer Beziehungen und zum Austausch mit anderen Nutzern. Die Idee hinter Social Networks basiert auf der 1967 entwickelten „Small-World-Theorie" von Stanley Milgram. Sie besagt, dass ein Mensch mit jedem anderen über höchstens sechs Ecken bekannt ist (vgl. Bienert, 2007, S. 6ff.). Der Wert der Plattform wird durch die Anzahl ihrer Nutzer und die Häufigkeit und Qualität der Aktivitäten der Nutzer bestimmt. Diese Aussage bestärkt Internetpionier Robert Metcalfe, der erklärte, dass der Wert eines Netzwerks abhängig von der Nutzerzahl ist. Doch nicht nur die Anzahl der Nutzer ist ausschlaggebend für den Erfolg eines Netzwerks, sondern vor allem auch die Homo- bzw. Heterogenität eines Netzwerks, das sich durch die Kombination von starken und schwachen Beziehungen auszeichnet. Ist ein Netzwerk zu homogen, kann es für Mitglieder schnell zu unattraktiv werden, da keine neuen Sichtweisen, Informationen etc. erlangt werden können (vgl. Granovetter, 1983, S. 201ff.). Wichtig ist somit zuerst das Erreichen einer kritischen Masse an Benutzern. Ist eine solche erreicht, werden neue Benutzer alleine durch das Vorhandensein vieler realer Kontakte zur Teilnahme motiviert. Auf der anderen Seite sinkt der Wert der Plattform durch abwandernde oder inaktive Nutzer und die Plattform wird dadurch unattraktiv (vgl. Bienert, 2007, S. 6ff.). Zusätzlich stellt sich das Problem von ungebetenen Anfragen zur Aufnahme von Beziehungen. Es entsteht das Entscheidungsproblem, diese Anfrage abzulehnen und damit gegebenenfalls unhöflich zu wirken oder die Anfrage zu akzeptieren und sein eigenes Profil sowie das gesamte Netzwerk dadurch zu verwässern (vgl. Bächle, 2006, S. 121ff.). Die Grundfunktion eines Social Networks, ein soziales Netzwerk aufzubauen und zu verwalten, wird durch die verschiedenen Kommunikationsplattformen auf unterschiedliche Art und Weise durch zusätzliche Funktionalitäten unterstützt. Als wichtigste Funktionalitäten sind Kommunikationswerkzeuge und die Gestaltung einer eigenen Website zu nennen. Mit Hilfe der Kommunikationswerkzeuge wird den Nutzern eine Kommunikation durch z. B. Foren, Chats, Blogs direkt über die Plattform ermöglicht (vgl. Hippner, 2005, S. 441ff.). Dies erhöht insbesondere die Nutzerfreundlichkeit, da nicht auf externe Kommunikationswerkzeuge zurückgegriffen werden muss, und liefert zudem Inhalte, die durch die Nutzer selbst erstellt werden (engl.: User Generated Content, kurz: UGC) (vgl. Bienert, 2007, S. 6ff). Durch die Gestaltung einer individuellen Website wird es dem Nutzer ermöglicht, beispielsweise Fotos, Angaben zur Person, Links zu eigenen Kontakten, ein Gästebuch sowie plattformspezifische Inhalte einzubinden (vgl. Beck, 2007, S. 5ff.). Über die dadurch entstandenen Profile ist es möglich, eine Suche nach Nutzern mit gleichen Interessen durchzuführen, um mit diesen unter Umständen eine Beziehung aufzubauen. Außerdem können Verknüpfungen unter Nutzern identifiziert werden (vgl. Bächle, 2006, S. 121ff.). Eine zusätzliche Funktionalität ist die Bewertung der Aktivitäten eines Nutzers durch das System oder durch andere Nutzer. Dies liefert eine soziale Rückkopplung über die Leistungen und den Status einzelner Nutzer im sozialen Netz (vgl. Hippner, 2005, S. 441ff.). Die Möglichkeit des Austauschs zusätzlicher Inhalte, wie z. B. von Mediendateien, ist eine weitere Funktionalität. Grundsätzlich lassen sich Social Networks in mehrere Kategorien unterteilen: eher privat genutzte Social Networks wie z. B. Facebook (www.facebook.com), Twitter (www.twitter.com), Google+ (www.google.com/+) oder Foursquare (www.foursquare.com) sowie eher professionell genutzte Netzwerke wie LinkedIn (www.linkedin.com) oder XING (www.XING.com). Der Einsatz von Social-Networking-Lösungen innerhalb von Organisationen steht derzeit am Anfang. Die interne Nutzung öffentlicher Social-Network-Lösungen ist durch hohe Datensicherheitsanforderungen von Organisationen in der Regel ausgeschlossen (vgl. Schütt, 2007, S. 15ff.). Da viele Organisationen die Vorteile des Social Networking für sich entdecken, wie z. B. bei SaaS-CRM-Anbietern wie Salesforce (www.salesforce.com), ist zu erwarten, dass – unter Einhaltung von Datenschutz- und Datensicherheitsrichtlinien – unternehmensinterne Lösungen aufgebaut werden. Social Networks wie z. B. Facebook haben sich zu einem Anziehungspunkt für große Zielgruppensegmente entwickelt, die online Kontakte mit anderen Menschen pflegen wollen. Damit bieten Social Networks dem Marketing Zugang zu hochsegmentierten Kunden und natürlich eine Bühne für die Umsetzung viraler Kampagnen und neuer Formen interaktiver Werbung. Die Unternehmen binden ihre Kunden in diesen Netzwerken über Unternehmensseiten, Markenanwendungen und andere Komponenten aktiv ein.

1.8.8   Microblogging

Microblogging-Plattformen wie z. B. Twitter sind Dienste, die nicht auf ein speziel-les Nutzerinterface angewiesen sind, sondern über verschiedene Programme, Plattformen und (auch mobile) Geräte angesteuert und genutzt werden können. Durch die schlanke Architektur, die sich auf reine Textzeichen beschränkt, können Nachrichten daher keine Videos, Dokumente oder Musikdateien enthalten. Auf diese kann allerdings mit einem Link hingewiesen werden. Die Vielseitigkeit im Hinblick auf den Kommunikationskanal macht sowohl das Absetzen als auch das Lesen von Nachrichten einfach, schnell und oft auch wirkungsvoller als bei ande-ren Kommunikationsformen. Microblogging mit Twitter ähnelt sehr dem Versen-den von SMS via Internet (vgl. Simon, 2010, S. 18). Marketing- und Vertriebsspe-zialisten machen sich heute die Microblog-Website Twitter aktiv zunutze, um unter Umgehung herkömmlicher Public-Relations-Mittel direkt mit ihrer Ziel-gruppe zu kommunizieren. Durch die direkte und informelle Kommunikation auf Twitter ist es Marketingfachleuten möglich, nicht wie gesichtslose Unternehmen, sondern wie echte Menschen zu erscheinen. Wichtiger ist jedoch, dass Twitter es erlaubt, den Kunden besser zuzuhören. Es ist möglich nach Markenbegriffen und Hash-Tags (auf Twitter werden Schlagworte üblicherweise mit dem Symbol „#" gekennzeichnet) zu suchen und einen unmittelbaren Eindruck davon zu erhalten, wie Verbraucher ihre Produkte, Marken und Unternehmen sehen. Organisationen nutzen Twitter auch als sekundären Kundendienstkanal. Die Aufmerksamkeit der breiten Masse, die Twitter anzieht, reflektiert die Macht sozialer Medien, wenn es darum geht, die öffentliche Meinung über bestimmte Produkte und die allgemeine Markenwahrnehmung zu beeinflussen. Die Wirksamkeit des Weiterleitens (Re-Tweet) von Nachrichten in diesem Medium belegt eine Studie, die das Kommuni-kationsverhalten von mehr als 41 Millionen Twitter-Nutzern analysierte. Demnach erreicht eine Nachricht per Re-Tweets durchschnittlich fast 1000 Leser (vgl. Kwak et al, 2010, S. 10).

1.8.9   Weblogs

Ein Weblog (kurz: Blog) ist eine Art Onlinetagebuch, das jeder lesen kann. Es be-steht meist aus kurzen Artikeln, in denen Inhalte wie Texte, Bilder, Audioinhalte oder Videos veröffentlicht werden. 2004 wurde das Wort „Blog" vom Onlinewör-terbuch Merriam-Webster als meist-nachgeschlagener Begriff zum Wort des Jahres gekürt. Merriam-Webster.com definiert den Begriff Blog mit den Worten: „a Web-site that contains an online journal with reflections, comments, and often hyper-links provided by the writer" (vgl. http://www.merriam-webster.com/dictiona-ry/blog).

Weblogs werden aber nicht nur privat genutzt, sondern stellen auch zunehmend für Unternehmen ein attraktives Mittel zur Organisationskommunikation dar. Die Beiträge werden jeweils so angezeigt, dass der aktuellste Eintrag immer ganz oben auf der Seite sichtbar ist. Außerdem ist jeder Beitrag mit einem permanenten URL-

Pfad (Permalink) versehen, wodurch direkt und dauerhaft auf ihn verlinkt werden kann.

Der Begriff entstand 1997, als Jorn Barger sein Onlinetagebuch zum ersten Mal Weblog nannte: „A weblog (sometimes called a blog or a newspage or a filter) is a webpage where a weblogger (sometimes called a blogger, or a pre-surfer) 'logs' all the other webpages he finds interesting" (vgl. Barger, 2009). Vorläufer von Weblogs waren frühe Webpages wie die des WWW-Erfinders Tim Berners-Lee. Berners-Lee veröffentlichte regelmäßig Links auf neuen Internetseiten in dem damals noch übersichtlichen, aber schnell wachsenden World Wide Web. Nach Mc Neil entstanden Mitte der 90er Jahre zahlreiche journal- oder tagebuchartige Websites, deren Schwerpunkt auf persönlichen Themen und deren Reflexion lag (vgl. Mc Neil, 2003, S. 22ff.). Eine große Erleichterung für potenzielle Weblogger stellte die Entwicklung von Software und Online-Services dar, welche die Installation und den Betrieb von Weblogs erleichterten. Während die ersten Weblogs noch in HTML erstellt wurden, konnten mit dieser neuen Software die Gestaltung und Veröffentlichung ohne besondere technische Kenntnisse realisiert werden. Während Anfang des Jahres 1999 erst ca. 23 Weblogs gezählt wurden, waren es im Juli 1999, nachdem der Anbieter Pitas (eine serverbasierte gehostete Weblog-Software) veröffentlicht hatte, bereits hunderte. Im Laufe des Jahres folgten weitere Anbieter von Weblog-Diensten wie z. B. Pyras (Blogger.com), Groksoup und EditThispage (vgl. Mc Neil, 2000). Einige dieser Dienste gibt es heute noch und weitere Anbieter sind hinzugekommen, wie z. B. Wordpress (Open Source, verfügbar sowohl als SaaS unter www.wordpress.com wie auch zum Download und zur Installation auf einem selbst betriebenen Webserver unter www.workpress.org) oder Posterous (www.posterous.com).

Typische Elemente und Charakteristika von Weblogs: Weblogs basieren auf einfachen Content-Management-Systemen. Meistens werden Layout und Farbgebung und Typografie als Template bereitgestellt, die der Nutzer individuell editieren und ausgestalten kann. Zusätzliche Funktionalitäten lassen sich durch die Einbettung von Widgets, wie z. B. Google Maps oder Twitter, leicht hinzufügen. Dadurch wird es auch technisch Unerfahrenen möglich Beiträge zu veröffentlichen und zu verbreiten, und das bei den meisten Blog-Anbietern kostenfrei. Im Unterschied zu Wikis können Beiträge eines Blogs normalerweise nur vom Besitzer des Weblogs verfasst werden. Einige Dienste bieten jedoch bereits komplette Redaktionssysteme an, bei dem es verschiedene Verfasser geben kann und Beiträge von Redakteuren freigegeben werden müssen, bevor eine Veröffentlichung erfolgt. Durch ein Rechtesystem ist innerhalb der Redaktionssysteme klar geregelt, wer verfassen, editieren, freigeben und veröffentlichen darf. Ist ein Beitrag erst einmal im Netz, hat der Betrachter die Möglichkeit, diesen zu kommentieren. Um unliebsame Kommentare nicht ungeprüft zuzulassen, verwenden viele Blogger hier eine Moderationsfunktion, d.h. bevor ein Kommentar veröffentlicht wird, bedarf es der Freigabe durch den Blog-Besitzer.

Prozess und Auswirkungen einer Weblog-Eintragung: Ist ein neuer Beitrag oder ein neuer Kommentar im Weblog erschienen, wird eine dauerhafte Verknüpfung (Permalink) geschaffen. Das Weblog aktualisiert das XML-basierte RSS-Feed für spätere Nutzung durch RSS-Aggregatoren. Des Weiteren wird ein Ping an einen oder mehrere Ping-Server gesendet, wodurch die Information eines soeben aktualisierten Weblogs übermittelt wird. Suchmaschinen wie Google oder Technorati, aber auch Social Media Monitoring Tools wie z. B. Infospeed oder BIG-Screen beziehen über die Pings die Informationen über die Aktualisierungen. Die Aktualisierungen werden indiziert und in den Datenbestand eingefügt. Suchmaschinen und Social Media Monitoring Tools verfügen somit automatisch über die Aktualisierungen und können zusätzlich eine Übersicht über aktuelle Beiträge innerhalb der Blogger- und Foren-Szene liefern. Dies ist eine der Kernfunktionen gerade im Social Media Monitoring und erlaubt eine Datenanalyse, die sehr detaillierte Rückschlüsse über den „Buzz" eines Themas im Internet erlaubt. Darüber hinaus ist nicht nur die Messung der Quantität, sondern in gewissem Maße auch die der Qualität (z. B. Meinungen und Einstellungen (Sentiment) der Blogger und Kommentierenden) möglich.

Die Vernetzung von Weblogs: Weblogs stehen selten für sich alleine, da ihre Inhalte häufig verlinkt werden bzw. wird auf sie Bezug genommen. Hierzu stehen folgende technische Optionen zur Verfügung: *Trackback:* Wird ein Beitrag eines Weblogs verlinkt, so wird der Autor des Beitrags automatisch benachrichtigt. *Pings:* Sogenannte „Pings" ermöglichen, dass neue Einträge automatisch an Blog-Portale gemeldet werden. *Blogrolls:* Autoren können ihre favorisierten Weblogs auf ihren Blogrolls auflisten (Blogrolls sind beliebte Websites bzw. Empfehlungen des Bloggers).

RSS-Feeds: Eine Vielzahl von Weblogs unterstützt RSS-Feeds, wodurch Abonnenten individuell und anonym Blogs in ihrem Newsfeed zusammenstellen können. Die starke Vernetzung von Weblogs untereinander durch die Nutzung der oben genannten Techniken führte zum Begriff „Blogosphäre". Es ist wichtig festzustellen, dass die Weblogs und die Blogosphäre informeller Natur sind, ohne Mitgliedschaftszwänge, ohne Regeln und ohne Policies, die den Umgang der Blogger miteinander regulieren.

Wikis: Neben Weblogs sind Wikis die am häufigsten genutzte Social-Software-Anwendung. Das bekannteste öffentliche Beispiel ist die Enzyklopädie www.wikipedia.org, die 2001 von Larry Sanger und Jimmy Wales erstellt wurde. Wikis werden auch innerhalb von Unternehmen eingesetzt, dort hauptsächlich im Bereich Wissensmanagement.

Unter einem Wiki (der Begriff Wiki stammt vom hawaiianischen Wort „wikiwiki" ab und bedeutet „schnell") versteht man eine Webapplikation, die es den Besuchern nicht nur ermöglicht, Inhalte auf einer Website hinzuzufügen, sondern auch die Inhalte anderer Besucher zu editieren. Wikis ähneln offenen Content-Management-Systemen, die es Besuchern gestatten, online und kollaborativ hochgradig verlinkte Dokumente zu erstellen, wobei meist auf eine explizite Registrierung verzichtet wird. Die bereits eingespeisten Dokumente können mittels Änderungsfunktion nachträglich bearbeitet werden. Dazu öffnet sich ein Eingabeformular, in dem der Quelltext editiert werden kann. Eine spezielle Wiki-Syntax vereinfacht die Strukturierung und Formatierung der Wiki-Seiten. Durch die meist hohe Zahl von Mitwirkenden kann auftretender Vandalismus schnell gemeldet und behoben werden. Dafür sorgt eine integrierte Informationsverwaltung, die es zulässt, jeden Artikel auf den Stand vor der Änderung durch einen User zurückzusetzen. Das bedeutet, dass jede Änderung nachvollzogen werden kann (vgl. Stocker, 2009, S. 63ff.). Wikis werden als Many-to-Many-Medium klassifiziert, d.h., viele Nutzer erstellen Beiträge, die von vielen Benutzern gelesen werden. Anders als Weblogs, die mit Vorliebe auf externe Internetseiten verlinkt werden, kommen bei Wikis externe Verlinkungen deutlich seltener vor. Wikis sind primär von Beiträgen innerhalb der Website geprägt und haben daher im Vergleich weniger Verknüpfungen zu anderen Seiten im Internet. Wikis werden deshalb eher in geschlossenen Netzwerken eingesetzt.

1.8.10 Gamification

Gamification, zu deutsch „Spielifizierung" beschreibt einen Trend der 2010 die digitale Welt erfasst hat. Doch was verbirgt sich hinter dem Begriff?

Sebastian Deterding, User Experience Designer und Comuterspielforscher gibt in einem t3n-Bericht – „Das Leben ist ein Spiel" (Ausgabe 24, 2012) eine gute Übersicht über den Stand der Dinge. Als Wegbereiter für Gamification beschreibt er zum einen Social Gaming Plattformen (z. B. Farmville), die mit Mikrotransaktionen von virtuellen Gütern den Venture-Kapitalisten signalisierten, dass durch Onlinegames eine Menge Geld verdient werden kann. Zum anderen zeigte der Local Based Service „Foursquare" wie integrierte Spieleelemente zum Erfolg führen können. (mehr dazu unter *Local Based Social Networks*)

Nach Jane Mc-Gonigal, dem Leiter der Spieleforschung und Entwicklung am kalifornischen Institute of the Future bestehen Spiele aus vier Komponenten: *Zielen, Regeln, Feedback* und *freiwilliger Teilnahme*.

Jedes Spiel gibt klare Zielvorgaben wie: „Rette die Welt" oder „Besiege den Gegner", dabei gibt es immer Limitierungen (Regeln), die das erreichen der Ziele erschweren. Die Spieler bekommen ständig Rückmeldung (Feedback) bezüglich Ihres Leistungsstandes, dürfen sich aber zu keinem Zeitpunkt über- oder unterfordert fühlen. Die Aufgabe der Gamedesigner liegt darin diesen schmalen Grat auszubalancieren.

In Bezug auf die Messbarkeit sind folgende Punkte von besonderem Interesse. Zum einen muss die einzelne Persönlichkeit in den Fokus der Unternehmen rücken. Pageviews und andere aggregierte Messwerte haben bei Gamification wenig

Aussage. Um die Emotionen und Verhalten der einzelnen User anzusprechen, müssen Daten der einzelnen Personen erhoben werden. (vgl. 360°Targeting in Kapitel 1.9 und 1.11) Gamification bietet Möglichkeiten die erfassten Kennzahlen nicht nur Intern zu verarbeiten, sondern sie nach Außen zu projizieren. So geben sie den Mitarbeitern oder andern Stakeholdern Feedback. Sie helfen die Rolle des einzelnen zu definieren. (vgl Kapitel 0). Für weitergehende Einblicke zum Thema Gamification sei der Beitrag bietet Sebastian Deterding in einem Video vom Google Tech Talk (Januar 2011)[10]. Das Marktforschungsunternehmen M2 Research prognostiziert enormes Wachstum in diesem Marktumfeld. So wird davon ausgegangen, dass der Markt in 2011 bereits 100 Milionen US-Dollar investiert hat. Allerdings erscheint dies eher wie ein Taschengeld im Vergleich zur Prognose für 2016, denn dort werden laut M2 Research ca 2,8 Miliarden US-Dollar in Gamification investiert[11].

1.8.11 Location Based Social Networks (Foursquare, Gowalla[12] und Facebook Places)

Location Based Services sind Webdienste, die den Standort eines Nutzers mithilfe von stets übermittelten GPS-Daten ermitteln und in ihre Arbeit mit einbeziehen. Somit ermöglichen Location Based Social Networks ihren Mitgliedern, deren eigenen Freunden mitteilen zu können, wo sie sich gerade aufhalten. Die Motivation und der Reiz dieser Apps, die auf mobilen Endgeräten betrieben werden, ist der Gaming-Faktor (siehe Gamification). Die Applikationen belohnen ihre Nutzer für Aktivität und schaffen Möglichkeiten, sich mit seinen Freunden zu vergleichen. Somit entstehen zusätzlich zum eigentlichen Nutzen zwei weitere Anreize: virtuelle Belohnungen zu sammeln und besser als die eigenen Freunde zu sein. Der Ansatz von Gowalla fokussiert dabei virtuelle Güter (engl.: Items) und Abzeichen (engl.: Badges), die man erhalten kann. Je häufiger man eincheckt und eigene Orte anlegt, umso mehr Badges kann man freischalten. An jedem Ort gibt es dabei die Möglichkeit, neue virtuelle Gegenstände zu sammeln und diese mit anderen zu tauschen. Diese Gegenstände haben dabei eine unterschiedliche Knappheit und somit wird hier auf einen der ältesten Anreize (Jäger und Sammler) überhaupt aufgebaut. Gowalla kann dadurch zu einer Art virtueller Briefmarkensammlung des Digital Native werden. Foursquare setzt ebenfalls auf Badges, um Aktivität zu belohnen, hat aber wiederum keine virtuellen Güter zu bieten, dafür aber das Konzept der „Mayors". Die Person, die an einem Ort am häufigsten eincheckt, ist der Bürgermeister (engl.: Mayor) der Location und wird als dieser auch besonders

---

10 http://bit.ly/meaningfulplay

11 http://www.slideshare.net/loyoyo/gamification-summit-2011-presentation-m2-research-final

12 Gowalla wurde im Dezember 2011 von Facebook gekauft.

gekennzeichnet. Beide Plattformen bieten grundsätzlich die Möglichkeit, sich mit seinen Freunden zu vergleichen, um zu sehen, wer der Aktivste ist. Facebook ergänzte in 2010 seine Funktionalitäten um die Lokalisierungskomponente „Places", die Statusmeldungen und Markierungen zwischen „Freuden" mit Ortsangaben erlaubt. Für Werbetreibende ergibt sich hierdurch eine Fülle von Möglichkeiten lokale Angebote an Facebook-Nutzer heranzutragen. Im Dezember 2011 wurde Gowalla von Facebook aufgekauft. Nun bleibt es spannend, inwieweit Gowalla in Facebooks Places System integriert werden kann.

Die Potenziale für Werbetreibende in Location Based Social Networks stellen sich wie folgt dar:

Location Based Advertising

Die Anbieter bieten zahlreiche Möglichkeiten auf ihrer Plattform zu werben. Hierbei spielen zwei Konzepte von Foursquare eine wichtige Rolle. Einmal das bereits erwähnte Konzept des „Mayors" und zusätzlich die Möglichkeit, dass Nutzer an jeweiligen Orten Tipps für ihre Freunde hinterlassen können. Meldet sich ein Nutzer in einer Location an (Check-in) und hat ein Freund in der Nähe einen Tipp hinterlassen, wird der Nutzer benachrichtigt und bekommt den Hinweis auf seinem mobilen Endgerät eingeblendet. Ein integriertes Navigationssystem leitet den potentiellen Kunden zum Venture. Unternehmen können auf dieses Konzept aufsetzen und z. B. spezielle Angebote für Mayors unterbreiten, die dann nach dem gleichen Prinzip eingeblendet werden, wenn man in der Nähe eincheckt. Eine der bekanntesten Mayor-Kampagnen wurde von Starbucks umgesetzt.[13]

Branded Badges

Beide Dienste, Gowalla sowie Foursquare, setzten darauf, dass man Badges für unterschiedlichste Aktivitäten bekommen kann. Hier liegt natürlich die Idee nahe, auch branded Badges für Aktivitäten auszugeben, die direkt mit einem Unternehmen zu tun haben.

Virtuelle Güter

Bei Gowalla dreht(e) es sich vor allem um virtuelle Güter, die man sammeln kann und die einer gewissen Knappheit unterliegen. Dieses Konzept kennt man bereits von z. B. Social Games auf Facebook und wird auch dort bereits in Marketing-Kampagnen eingesetzt. Ein Unternehmen geht dabei eine Partnerschaft mit dem Plattformbetreiber ein und bietet für einen bestimmten Zeitraum spezielle Güter an, die besonders attraktiv sind, gegebenenfalls eine aktuelle Werbekampagne unterstützen und den Nutzern die Möglichkeit geben, diese Güter zu erlangen. Nach einem gewissen Zeitraum gibt es diese Güter nicht mehr. Somit wird eine

---

13 http://www.ethority.de/weblog/2010/07/21/die-10-eindrucksvollsten-social-media-kampagnen/

Knappheit erzeugt. Es entsteht ein Anreiz, bei diesen Kampagnen mitzumachen um die raren Güter zu erhalten.

Location Based Services stehen am Anfang ihrer Entwicklung, die voraussichtlich mit der weiteren Verbreitung von GPS-fähigen Endgeräten (z. B. Smartphones wie das iPhone u.Ä.) zu Commodity werden. Die Möglichkeiten für Werbetreibende sind dabei von sehr hohem Potenzial, da sich eine digitale Kampagne auf einmal an eine physische Präsenz über das GPS-fähige Endgerät koppeln lässt und dabei alle viralen Kanäle wie Twitter und Facebook bereits integraler Bestandteil dieser Apps sind.

1.8.12   Social Commerce

Die als Social Commerce bezeichnete Form des Empfehlungshandels ist eine Variante des elektronischen Handels (E-Commerce), bei der die aktive Beteiligung der Kunden und deren persönliches Beziehungsgeflecht untereinander im Vordergrund steht. Die kommerzielle Nutzung dieser Empfehlungsnetzwerke liegen in der aktiven Beteiligung von Kunden am Design, beim Verkauf und/oder Marketing von Produkten oder Dienstleistungen z. B. in Form von Kaufempfehlungen oder Kommentaren (Recommendation).

1.9   Besonderheiten und Vorgehensweisen im Social-Media-Marketing

Wie der bekannte Kommunikationswissenschaftler Paul Watzlawick einst treffend feststellte: „Man kann nicht nicht kommunizieren". Diese Theorie trifft zweifellos auch auf die Kommunikation im Social Web zu, denn auch hier sagt der Nutzer viel, wenn er eigentlich gar nichts sagt. Mit einer passiven Beteiligung beispielsweise in Social Media-Kanälen sagt ein Unternehmen viel mehr aus, als es zunächst vielleicht annimmt. Eine aktive Beteiligung an Social Media-Konversationen ermöglicht dem Unternehmen neben einer verstärkten Wahrnehmbarkeit durch die Verbraucher somit auch eine klare Positionierung auf dem Markt. Durch die n:n-Kommunikation ist es im Social Media-Zeitalter auch nicht mehr möglich, unangenehme und ungewünschte Informationen zu unterbinden, denn das Social Web macht all diese Informationen schnell auffindbar. Versucht man etwas zu löschen, befügelt man es es eher noch. Hettler beschreibt die generelle Natur von Marketing als reaktiv, da Marketingaktivitäten als Reaktion auf die Anforderungen des Marktes hin konzipiert werden. Social Media ermöglichen nun Unternehmen, diese Anforderungen des Marktes massenhaft, zeitnah und unbeeinflusst wahrzunehmen und zu dokumentieren (vgl. Hettler, 2010, S. 109). Unternehmen haben demnach mittels SM heute nicht nur die Möglichkeit, die Wünsche und Bedürfnisse sowie Meinungen und Bewertungen der Kunden zeitnah zu erkennen, sondern auch auf diese zu reagieren und diese Reaktionen einer breiten Öffentlichkeit zugänglich zu machen. Diese Möglichkeit durch Social Media-Marketing nicht nur den Kunden zuhören, sondern in einen offenen Dialog mit ihnen treten zu können, beschreibt Mark Jarvis, ehemaliger Marketingleiter von Dell, als „the most perfect form of marketing you could have". Aber nicht nur die Möglichkeit Kundenbedürfnisse schnell und umfangreich zu entdecken und mit den Kunden in Kontakt treten zu können ist eine besondere Eigenschaft des Social Media-Marketing. Hervorzuheben ist ebenso die Möglichkeit der Zugänglichmachung von unternehmens- und themenbezogenen Inhalten über das Social Web. Wie schon beschrieben, bieten Social Media die Möglichkeit, Kunden über eine Pull-Kommunikation die Möglichkeit, den Ort und den Zeitpunkt der Kommunikation selbst zu bestimmen und selbst zu entscheiden, wann und wo sie welche Informationen beziehen. David Meermann Scott sagte dazu: „Rather than grasping for buyers' attention with expensive ad campaigns, now we can publish engaging and useful information on the Web and deliver it exactly when people are interested. People land on our virtual doorstep". Langner und Kilian heben hierbei hervor, dass Nutzer auf sie abgestimmte Werbeformen mit einer höheren Aufmerksamkeit wahrnehmen. Diese Funktion wird noch dadurch verstärkt, indem die Werbeinhalte mit für den Nutzer nützlichen Informationen und Anwendungen versehen werden, die im Idealfall die Identität der Marke verbreiten und den Nutzer zu eigener Aktivität auffordern. Hat ein Nutzer beispielsweise einen Blogbeitrag weiterempfohlen oder kommentiert, ist die Wahrscheinlichkeit, dass sich der Nutzer an diesen Beitrag und das entsprechende Unternehmen bzw. Produkt erinnert, weitaus größer, als z. B. nach dem Betrachten einer Bannerwerbung. Auch Solis und Thomas haben diese besonderen Eigenschaften von Social Media erkannt und zeigen im Conversation Prism die allgemeine Gültigkeit der Aussage „It's all about the conversation" über den Einsatz von Social Media als Marketinginstrument.

Eine weitere Besonderheit der Nutzung von Social Media zu Marketingzwecken ist die große Fülle an der zur Verfügung stehenden Daten, die mittels Social Media-Monitoring gesammelt, strukturiert und ausgewertet werden können. Diese eignen sich nicht nur zur Beschreibung der Zielgruppe und deren Nutzereigenschaften, sondern können auch zur Messbarkeit der Erfolge herangezogen werden.

1.9.1 Content is King, Context is Queen

Um das Social-Media-Engagement einer Organisation erfolgreich zu gestalten, sind vor allem regelmäßig erscheinende und interessante Inhalte erforderlich, die dem Nutzer einen persönlichen Mehrwert bieten. Nur so bleibt eine Community aktiv und nur so kann ein Blog oder eine Fan-Page seine kommunikative Funktion einlösen. Viele Social-Media-Initiativen schlafen nach anfänglicher Euphorie wieder ein, denn der inhaltliche Aufwand wird oft unterschätzt. Eine Organisation kann in der Social-Media-Sphäre nur erfolgreich sein, wenn sie kulturell dazu bereit ist; nur wenn die interne Kommunikation von Offenheit, Transparenz und Fairness gekennzeichnet ist, kann dies auch in den öffentlichen Raum hineingelebt werden. Der grundsätzliche Gedanke, mit Kunden, Mitarbeitern, Lieferanten, Anteilseignern und den Medien gleichsam öffentlich zu kommunizieren, funktioniert nur, wenn in einer Organisation der Gemeinschaftsgedanke, online und offline, nicht nur verordnet, sondern gelebt wird. Der Erfolg von Social Media-Marketing, sei es in Form von Produktinformationen, interaktiven Onlinespielen, Viral-Marketing-Kampagnen, Firmenblog-Beiträgen oder Ähnlichem, ist durch Social Media Monitoring sehr gut messbar, denn der Buzz (vgl. Noll, 2010) schlägt sich sowohl quantitativ (z. B. Anzahl der Verlinkungen, Retweets, Kommentare) als auch qualitativ (positive, neutrale oder negative Reaktionen), auch „Sentiment" genannt, im Netz nieder. Die Resonanz, mit der eine Community insgesamt auf neue Informationen in ihren Reihen reagiert, wird als Engagement bezeichnet. Neben Weblogs gewinnen auch andere Social-Media-Plattformen wie Twitter, Social Communities, Podcasts oder Videocasts im Kontext einer schnellen und „unkomplizierten" Kundenkommunikation an Bedeutung. Insbesondere für die Bewerbung neuer Produkte und Dienstleistungen oder auch für die Netzwerkbildung um eine Marke herum eignen sich diese Anwendungen. Mit entsprechend unterhaltsamen und originellen Video- und Audiobeiträgen zu einem neuen Produkt oder einer Marke wird versucht, positive Netzeffekte in Gang zu setzen, indem z. B. Nutzer und Kunden die Beiträge an weitere Personen in ihrem persönlichen Netzwerk versenden. Diese Vorgehensweise bezeichnet man auch als virales Marketing. Hierbei wird die Werbebotschaft über individuelle Kontakte weiterverbreitet und durchdringt so im Idealfall immer weitere persönliche Netzwerke. Diese Verbreitungsform ist für den Werbetreibenden nicht nur äußerst kostengünstig, sondern durch die persönliche Weitergabe der Werbebotschaft von Nutzer zu Nutzer ist auch eine höhere Aufmerksamkeit beim Rezipienten gegeben als bei normaler Werbung. Im Contentbereich ist daher nicht mehr nur von Inhalten zu sprechen, die von Organisationen selbst erstellt (Owned Media = erstellt für die von der Organisation administrierten Seiten und Kanäle) oder bei weiteren Anbietern erworben werden (Bought Media = gekaufte Werbemittel), sondern vor allem auch von Inhalten, die eine Organisation von deren Fans, Kunden oder Geschäftspartnern (engl.: User Generated Content, kurz: UGC) zugespielt bekommt (Earned Media = verdiente Medien).

Organisationen vermögen durch oben genannte Beiträge die Konversationen und Diskussion anzustoßen, einmal losgetreten geben sie aber die Kontrolle vollständig an die Nutzerschaft ab. Das heißt, eine Kampagne kann danach nicht mehr kontrolliert, im besten Fall noch graduell beeinflusst werden. Zwar sind die meisten Blogs lediglich Onlinetagebücher, aber darüber hinaus existieren vor allem im IT- und Medienbereich immer mehr meinungsbildende Blogs, auf denen auch über Organisationen und ihre Produkte geschrieben wird. Über Blogs der Opinion Leaders (engl. für Meinungsbildner) lassen sich Trends erkennen, und sofern diese in die Kommunikationsarbeit zielführend integriert werden, auch beeinflussen. Wichtige Blogs müssen daher in das Social Media Monitoring der Organisation unbedingt einbezogen werden. Wenn Organisationen den Mut aufbringen, ihren

Kunden online Mitspracherecht einzuräumen und auf kritische Stimmen zeitnah einzugehen, anstatt sie zu ignorieren, darf der betreffende Blog nicht als isoliertes Medium betrachtet werden. Eine Integration der Social-Media-Aktivitäten in den Marketingmix neben den anderen Kommunikationskanälen ist daher unumgänglich. Eine strategische Herangehensweise vor Beginn von Social-Media-Marketingmaßnahmen ist äußerst ratsam, denn bevor Zielgruppen definiert, Botschaften festgelegt und operative Ziele festegelegt werden, sollte eine Synchronisation und Ausrichtung an den strategischen Zielen einer Organisation durchgeführt werden.

1.9.2   Targeting

„Durch Targeting oder Online Targeting (deutsch: Zielgruppenansprache) ist ein Marketinginstrument und bezeichnet das zielgruppenorientierte Einblenden von Werbung auf Webseiten. Ziel des Targeting ist es, durch eine möglichst genaue Definition der Zielgruppe dem User entsprechende Werbung einzuspielen. Je präziser das Targeting ist, desto höher ist die Chance, die richtige Zielgruppe anzusprechen."[14]

Ziele des Online Targeting:

- Minimierung von Streuverlusten
- Maximierung der Effizienz ihrer Kampagne
- gewinnorientierter Einsatz des Budgets
- Steigerung der Attraktivität der Webseite als Werbeplattform"

Mit Hilfe des Targeting können Organisationen Kriterien heranziehen, die eine sehr präzise Adressierung einer Zielgruppe erlauben, Streuverluste minimieren und somit einen ausgesprochen effizienten Einsatz des Werbebudgets ermöglichen. Die folgende Abbildung schafft einen ersten Überlick über die klassischen Targetingformen im Online Marketing:

Targetingform	Kriterium	Systematik	Beispiele
Technisch	Bandbreite	Auslieferung an bestimmte Bandbreiten	> 2Mbit/s
	Geo/Regio	Auslieferung an bestimmte geographische Zielgebiete via IP-Adresse	NRW oder Köln
	Frequency Capping	Auslieferung pro Unique Client/User nach Anzahl und Zeiteinheit	FC 2/24 (2 Kontakte innerhalb 24 Stunden)
	Browser	Auslieferung nach Browsertyp	Firefox oder Safari

---

14 BVDW, 2010

	Provider	Auslieferung an Nutzungsgruppen bestimmter Provider	1&1, freenet
	Uhrzeit	Auslieferung nach vorgegebenen Zeitfenstern	18–22 Uhr oder nur zu Bürozeiten
	Bildschirmauflösung	Auslieferung nach ermittelter Bildschirmauflösung des Nutzers	Flashwerbung nur bei ausreichender Auflösung
	Betriebssystem	Auslieferung nach ermitteltem Betriebssystem	Werbung für betriebsspezifische Software
Sprachbasiert	Suchwort (keyword)	Auslieferung bei Suchwort-Eingabe durch den Nutzer in ein Web-Formular	Eingabe „FIAT" bei Google
	Wortbasiert (contextual)	Auslieferung, wenn sich selektierte Worte im Kontext der Webpage befinden	„Beamer" auf einer technikaffinen Webpage
	Semantik	Auslieferung bei Zusammenhang der Bedeutung aller Worte der Webpage mit den gewählten Begriffen	Eingrenzung mehrdeutiger Worte, z. B. „Golf"
Behavioral	Vergangenes Surfverhalten	Auslieferung nach Ableitung eines Interesses durch vergangenes häufiges Surfen auf themenrelevanten Umfeldern	Auto-Interessierte, die vorher oft auf Auto-Umfeldern surften
Retargeting	Vorherige Kontakte mit einer Website	Auslieferung an Nutzer, die zuvor eine bestimmte Aktion getätigt haben	Nutzer, die den Bestellprozess abgebrochen haben
Predictive Behavioral Targeting	Statistische Prognosen anhand Befragungen, Surfverhalten etc.	Auslieferung nach Ableitung anonymisierter Attribute (soziodemografisch, Kaufinteresse etc.) durch statistische Prognosen	Ermittelte Personen: männlich, 29 Jahre, Urban, mit Interesse an iPods

Abbildung 8:   Übersicht über Targetingansätze. Quelle: Thomas, 2010, S. 117ff.

1.9.3   Targetingmöglichkeiten in Sozialen Netzwerken

Durch das Auslesen des Social Graphs (vgl. Kapitel 3.8) der Nutzer einer Community können Werbetreibende Zielgruppen mit einer bisher unbekannten Präzision ansprechen. Streuverluste wie in der klassischen Werbung entfallen hier; zumindest so lange, wie die Nutzer von Social Networks bereitwillig ihre persönlichen demoskopischen Daten mit einem hohen Wahrheitsgehalt auch angeben. Sammelt ein Anbieter via Apps, Like-Buttons oder anderen technischen Möglichkeiten innerhalb der Social-Media-Sphäre plattformunabhängig millionenfach Social Graphs ein, so entsteht eine Art neuer Währung im Internet. Wurde bisher im Direktmarketing mit Telefonnummern oder E-Mail-Adressen gehandelt, so ist heute der für eine Ad-Kampagne relevante Social Graph und somit der direkte Zugang zur Zielgruppe ein begehrtes Gut. Durch hochpräzises Bedienen einer Zielgruppe sind eine bisher nicht gekannte Effizienz und Effektivität in der Werbung möglich. Targeting ermöglicht heute das personalisierte Schalten von Onlineanzeigen auf Webseiten, in Social Networks oder in Apps auf mobilen Endgeräten. Hierbei wird versucht dem Nutzer durch Einbezug des Seiteninhaltes, spezifischer Schlagwörter, der demographischen (und geographischer) Daten der Nutzer und seiner „Freunde" oder deren Verhalten vermeintlich attraktive Werbung einzublenden.

Nachdem das Online-Marketing in der Vergangenheit Media-Planung anhand der z. T. vagen Zielgruppenangaben der Portal- bzw. Webseitenbetreiber vollzogen hat, so ist durch das Behavioural Targeting (Analyse des Surf- und Such-Verhaltens von Nutzern) und dem Targeting anhand des Social Graph eines Nutzers (z. B. bei Facebook) eine sehr präzise Aussteuerung von Werbung im Internet möglich. Nimmt man nun noch die geographische Dimension hinzu, z. B. durch die Kopplung mit Location Based Services auf mobilen Endgeräten, ist eine rundum lückenlose, ortbezogene und zielgruppenspezifische Kundenansprache im Online-Marketing möglich geworden. Durch die Beantwortung der Fragen, „Was" interessiert unseren Kunden aktuell, „Wer" ist unser Kunde eigentlich und „Wo" hält er sich aktuell auf, ist ein 360° Targeting möglich geworden.

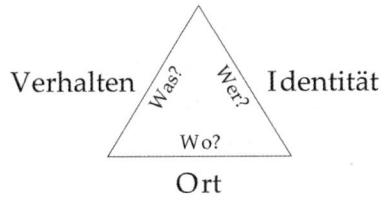

Verhalten — Identität

Abbildung 9:   **360° Targeting**

1.10   Social Media im Unternehmen

Interne Kommunikation als Wertschöpfungsfaktor

Die nachhaltige Wertschöpfung von Unternehmen ist in vermehrtem Masse von Geschwindigkeit, Innovation und Anpassungsfähigkeit abhängig. Um global bestehen zu können ist es notwendig Wissens-Arbeiter durch hocheffiziente Kommunikations- und Wissensmanagement-Tools zu vernetzten, denn nur geteiltes Wissen ist multipliziertes Wissen.

Der Wissens-Arbeiter, sei es in Forschung und Entwicklung oder auch in der Unternehmenspraxis, löst heute Probleme in dem er mit anderen Menschen kommuniziert, existente Lösungen neu kombiniert und um eine Prise Innovation erweitert. Der Input (Information) und der Output (Wissen) variieren ständig und sind wenig vorhersehbar und wiederholbar, denn die Struktur des Wissen entsteht typischerweise während des Arbeitsprozesses.

In einem wissensintensiven Umfeld ist es oft sehr schwer oder sogar unmöglich, im Voraus zu antizipieren, welche Informationen benötigt werden. Man weiß oftmals nicht bis kurz vor dem Augenblick an dem man eine Information benötigt, welche Informationen relevant sein werden. Die alte Weisheit „viel hilft viel" ist hier zwar richtig, jedoch ist die Fülle an Informationen, die auf den Homo-Digitalis einwirkt ist nur noch durch Filterung und Priorisierung zu bewältigen. In Sozialen Netzwerken findet die Filterung durch das Netzwerk an sich statt. Für das Netzwerk (vermeintlich) interessante Informationen werden untereinander ausgetauscht, bewertet und weitergeleitet (oder gelöscht). Somit entsteht ein unendlicher Informationsfluss, aus dem der Wissens-Arbeiter je nach Bedarfslage das für ihn Relevante herausfischt.

„Traditionelle" Wissens-Management Systeme oder der klassische File-Server auf dem das Unternehmenswissen von Personen, Abteilungen oder Fachabteilungen „gehütet", versteckt oder aus taktischen Gründen (Meins!) für sich behalten wird sind leider immer noch vielerorts gelebte Unternehmenspraxis. Informationshoheit ist oftmals immer auch eine Form von Macht, die den Innovationsprozess hemmt und persönliche Eitelkeiten befriedigt.

Ansätze in Richtung Enterprise 2.0, bei denen im Intranet eine "Informations-Broker-Plattform" bereit gestellt wird, wo Informationen einfach und mit minimalem Aufwand aggregiert, gefunden und per Push-Mechanismus (z. B. RSS-Feed) abonniert werden können sind dagegen sehr zu begrüssen. Ein solches Intranet gibt jedem Mitarbeiter nach seiner Rollenzugehörigkeit Zugriff auf alle Informationen, die verfügbar sind und seinen aktuellen Wissensbedarf bedienen.

Es ist kein Zufall, dass sich Wissensarbeiter eher im Web bedienen als zunächst im Intranet nachzuschauen, ob vielleicht ein Kollege sich mit der gleichen Frage bereits beschäftigt hat bzw. an einem ähnlichen Projekt arbeitet. Die Suche dauert meist zu lange, ist zu kompliziert und macht keinen Spass.

Der Hauptgrund, warum traditionelle Wissensmanagement-Systeme und Intranets scheitern liegt daran, dass dort meist von einem kleinen Team, Informationen aufbereitet kategorisiert und einpflegt werden und per „Push" veröffentlicht werden. Dies gibt dem Mitarbeiter nicht das Gefühl „dazuzugehören", denn er kann nicht mitreden, mitgestalten und sein Wissen mit seinen Kollegen dort teilen.

Wissensarbeiter brauchen ein soziales Intranet. Ein Social Intranet ist eine Kollaborationsplattform, die die grundsätzlichen Mechaniken des Web 2.0 (teilen und verlinken, weiterleiten, kommentieren, Push/Pull) innerhalb einer Organisation ermöglicht. Die Mitarbeiter einer Organisation schaffen sich somit Ihre eigene Community. Alle Mitarbeiter können, entsprechend Ihren Rollen- und Benutzerrechten Informationen teilen, suchen, verknüpfen. Sie arbeiten in offenen oder geschlossenen Fach- oder Projektgruppen, abteilungsübergreifend, länderübergreifend, zeitzonenunabhängig. Die Nutzer sind mit allen Werkzeugen ausgestattet, die Ihnen die Suche, Filterung, Aggregation und Kategorisierung von Informationen gestattet, so dass sie die für Ihren aktuellen Bedarf relevanten Informationen aufbereiten, kombinieren und verarbeiten können. Der Mehrwert entsteht durch die Vernetzung sehr heterogener Personen wodurch höchst innovative Teams entstehen und diverse neue Betrachtungsweisen zusammengeführt werden. Also eine ähnliche arbeitsweise wie es die Generation der „Digital Natives" oder „Digital Residents" schon seit Jahren im Social Web praktizieren. Wie auch im Internet besteht die Gefahr des Abgleitens in ziellose Klick-Reisen durch Datenlandschaften, andererseits können auf Abwegen ganz nach dem Serendipity-Prinzip auch intelligente Schlussfolgerungen zu dem ursprünglich Gesuchten getroffen werden.

Fakt ist, dass die Internetnutzung und das Verhalten in Sozialen Netzwerken die Fähigkeiten der Nutzer in punkto Informations- und Medienkompetenz erweitert, Tellerränder abflachen lässt und vor allem die Effizienz und Effektivität auf der Suche nach relevanten Informationen beschleunigt.

1.11 Ausblick

Wie wird die Zukunft des Social Webs aussehen?

1.11.1 Augmented Reality

Die Möglichkeiten der Hypervernetzung, also der medien- und ortsunabhängige Vernetzungsgrad, der uns präventiv und in Echtzeit Statusänderungen über Interessen, Ortswechsel, Vorlieben und Abneigungen, Empfehlungen und Sonderangeboten überträgt ist bereits gegenwärtig. Ob über mobile Endgeräte in unserer Hand, über ortsgebundene Rechner am Schreibtisch, im Wohnzimmer, der Küche oder am Point of Sales – überall wird die reale Welt mit Inhalten aus dem Netz angereichert und erweitert werden (engl.: augmented reality).

1.11.2 Social TV

Im Jahr 2012 ist der Fernseher für viele Nutzer bereits zu einem System der Hintergrundberieselung geworden während man mit Laptop, iPad oder einem ähnlichen Gerät im Schoss den aktuellen Tatort-Krimi am Sonntag Abend live per Twitter und/oder Facebook mit seinen „Freunden" kommentiert. Social-TV, also die interaktive und vernetzte Form des Fernsehens steht vor der Tür. Wer sich hiervon ein Bild machen möchte sollte sich unbedingt „GOAB. A TV Experience Concept" von SYZYGY anschauen.[15]

1.11.3   Medien- und Informationskompetenz

Dienste wie Twitter und Facebook läuten einen längerfristigen Trend zu mehr Offenheit und Transparenz ein, der ein Höchstmass von Informations- und Medienkompetenz notwendig macht. Nur wer sich bewusst ist, dass er, aller Beteuerungen der Betreiber hinsichtlich Datenschutz zum Trotz, sich auf einer digitalen Bühne der Ewigkeit befindet, kann einen verantwortungsvollen Umgang mit Daten, Personen und Profilen leben.

1.11.4   Corporate Social Networks

Die Flut an Informationen und der Echtzeitcharakter vieler Medien lässt die Frage aufkommen: und wann arbeiten wir eigentlich? Eine berechtigte Frage wenn man überlegt, dass in Konzernen in manchen Landesgesellschaften bis zu 30%(!) der Netzwerk-Bandbreite durch Mitarbeiter-Aktivitäten z. B. auf Facebook belegt ist. Tendenz steigend. Die Sperrung der beliebtesten Plattformen im firmeninternen-Netz ist aber auch keine Lösung. Eher sollte ein eigenes, attraktives alternatives Angebot in Form eines hausinternen Social Networks am Beispiel „eTeaming" bei der Lufthansa AG geschaffen werden. Denn das vernetzte Arbeiten, das Teilen von Dokumenten und die Verknüpfung von Wissen durch Links, Kommentare und Weiterleitungsfunktionen wird für hochvernetzte Wissensarbeiter heute und in Zukunft ein maßgeblicher Wertschöpfungsfaktor im Arbeitsalltag sein.

1.11.5   Mass Personalization

Mittel- bis langfristig wird die Technik immer weiter in den Hintergrund treten und für den Nutzer nicht mehr als Technik wahrgenommen. Außerdem wird durch weitere Datenerhebungen zukünftig das Targeting noch genauer. Das in Kapitel 1.9 eingeführte 360° Targeting, bestehend aus den drei Eckpfeilern Behavoiur, Social Graph, und Location, fasst den Kontext, in dem sich ein Kunde befindet, zusammen. Location Based Services erkennen den Standort eines Menschen und passen damit ihre Angebote an (z. B. Restaurant-Vorschläge). Bestehende Plattformen wie etwa Google Maps lassen die Kosten für den Betrieb einer eigenen mobilen Website entfallen. Das Angebot ist optimal plaziert und eine in der Plattform verankerte Navigation führt die Kunden zielsicher zum gewünschten Ort. Durch die Einbindung der Eckpfeiler Social Graph und Behaviour entstehen immer neue Dienste. Denkbar ist beispielsweise eine Smartphone-App. mit der Menschen in einer fremden Stadt eine Arbeitsgruppe zusammenstellen können. Ein passendes Team kann durch Analyse von Sozialen Netzwerken gefunden

---

15 http://vimeo.com/21386019

werden. Ähnliche soziale Strukturen und gleiche persönliche Interessen stellen ein gutes Arbeitsklima sicher.

1.11.6 Near Field Communicaton and Wireless Sensor Networks

Um Kunden in Zukunft noch zielgerichteter ansprechen zu können, sind genauere Lokalisierungsdaten notwendig. Heutige Lokalisierungs-Technologien sind entweder nicht exakt genug (Mobilfunkzellen-Bestimmung), funktionieren nicht immer zuverlässig (z. B. GPS in Häuserschluchten) oder verbrauchen so viel Energie, dass der Kunde sie nicht durchgehend nutzt (WLAN-Netzwerkerkennung). Near Field Communication (NFC) eignet sich nicht zur Lokalisierung. Es wurde hauptsächlich für das Bezahlen mit dem Handy konzipiert und erlaubt nur einen Zentimeterabstand zum Lesegerät. In Zukunft werden daher Nahfunktechnologien immer stärkeren Einzug in Smartphones finden. Beispiele sind ANT+ (momentan vor allem im Sportbereich eingesetzt) und Ultra Low Power Bluetooth (ULP Bluetooth). Die Datenrate und Reichweite (5-50m) sind begrenzt. Der Energieverbrauch ist aber so niedrig, dass der Nutzer die Technologie permanent verwenden kann. Dies eröffnet dem Marketing völlig neue Möglichkeiten. Kunden können nun bis auf wenige Meter genau lokalisiert werden. Zum Beispiel können Bildschirme in Schaufenstern erkennen, wer vor ihnen steht und welchen sozialen Hintergrund er hat. Damit kann sich die Werbefläche erstmals auf den Kunden einstellen. Dem technikaffinen Kunden wird das neueste Smartphone vorgestellt. Der Musikliebhaber kann sich dagegen das neueste Musikvideo seiner Lieblingsband anschauen. Personalisierte Ansprachen werden möglich und steigern ebenfalls den Umsatz.

Viele Benutzer teilen schon heute ihren Standort mit ihren Freunden (z. B. Foursquare). Dienste wie Google Latitude automatisieren den Prozess des „Eincheckens" immer weiter. Die Nahfunktechnologie erlaubt zukünftig eine noch exaktere Datenerhebung. Hier liegt eine große Chance für zielgerichtetes Marketing. Mit Hilfe von intelligenten Auswertungsalgorithmen und Zugriff auf den Social Graph kann bestimmt werden, wer sich mit wem an welchem Ort jetzt aufhält und mit hoher Wahrscheinlichkeit in einigen Minuten aufhalten wird. Ein noch besseres Targeting ist möglich, wenn zusätzlich noch der Kontext der Personen mit einbezogen wird. Bummelt ein junges Pärchen am Samstag durch die Fußgängerzone bekommt es einen Gutschein auf das Smartphone für ein Modehaus, das sie in etwa fünf Minuten erreichen werden. Eine feiernde Gruppe bekommt dagegen ein Angebot von einer Lounge, die nicht weit entfernt ist. Denkbar ist auch die automatisierte Auswertung von Mobile Payment-Daten. Der Käufer eines Notebooks ist eventuell auch an einer schicken Ledertasche interessiert, die ein anderes Geschäft nicht weit von ihm anbietet.

Um Kundenbedürfnisse noch präziser und schneller erfassen zu können, werden zukünftig noch weitere Daten erhoben. Smartphones bieten mit ihren verbauten Sensoren dafür eine Grundlage. Um jedoch Daten wie die körperliche Aktivität oder sogar emotionale Zustände in Echtzeit erfassen zu können, müssen langfristig völlig neue Technologien zum Einsatz kommen. Die Triangle des 360° Targetings wird zur Pyramide. Kleine Sensoren werden in Zukunft in Gegenständen oder Gebäuden unsichtbar integriert sein und Informationen mittels Nahfunktechnologien austauschen. So forscht beispielsweise der Lehrstuhl „Entwurf Mikroelektronischer Systeme"[16] der TU Kaiserslautern an einem drahtlosen Sensornetzwerk (Wireless Sensor Network) namens „AmICA". In einem Projekt des Lehrstuhls wurden professionelle Seilspringer mit körpernahen Sensoren ausgestattet. Erst damit ist es dem Publikum möglich in Echtzeit Informationen zu Sprunganzahl und -rate zu erhalten[17]. Ein vorher unpopulärer Sport wird plötzlich für eine breite Masse interessant. Ein neuer Markt entsteht. In einem anderen Projekt wurde der Herzschlag von Sportlern analysiert. Mittels solcher Messungen kann AmICA in Zukunft auch eingesetzt werden, um emotionale Zustände zu erkennen. In Kombination mit den klassischen Eckpfeilern der Triangle wird dem hungrigen Kunden eine Bäckerei, dem entspannten ein Modegeschäft und dem gestressten ein Wellnessangebot empfohlen. Drahtlose Sensornetzwerke finden auch in der Heimautomatisierung immer stärker Verbreitung. Intelligente Auswertungssoftware wie TinySEP des Lehrstuhls erkennt Situationen und reagiert darauf. Registriert die Küche beispielsweise, dass ein Bewohner etwas kochen möchte, kann anhand des Kühlschrankinhalts ein Rezeptvorschlag erfolgen. Eine Liste fehlender Zutaten könnte in Zukunft an einen Freund geschickt werden, der sich gerade in einem Supermarkt aufhält.

Der Trend ist eindeutig: zukünftig werden mehr Daten automatisch und zeitnah erfasst. Eine Auswertung in Echtzeit ermöglicht eine hohe Messbarkeit und ein noch schärferes Targeting. Dazu muss die virtuelle Welt (Internet, Social Media) mit der realen Welt (Smartphone, drahtlose Sensornetzwerke usw.) verzahnt werden. Eine gemeinsame Semantik wird in Zukunft dafür sorgen, dass verschiedenste Dienste oder Objekte miteinander interagieren können (Internet of the things, Web 3.0).

Um eine Akzeptanz beim Kunden zu erreichen, müssen die Systeme sicher, zuverlässig und transparent gestaltet sein. Kein Kunde will Produktempfehlungen von Waren, die er beispielsweise schon gekauft hat oder die ihm nicht gefallen. Kein Kunde will einen automatischen „Check-In" bei einer Tabledance-Bar, nur weil er sich zufällig in der Nähe aufhält. Ein sinnvoller, bewusster Umgang mit den neuen Möglichkeiten, eine geschulte Medienkompetenz und eine offene und ehrliche Kommunikation mit dem Nutzer stellt sicher, dass beide Seiten, Kunde und Händler, profitieren.

---

16 http://ems.eit.uni-kl.de/

17 https://kluedo.ub.uni-kl.de/frontdoor/index/index/docId/2807

2 Social Media Strategieansätze

> *„Die Strategie ist eine Ökonomie der Kräfte."*
>
> (Carl von Clausewitz)

Wenn es um das Thema Social Media Strategie geht, wird der Begriff oftmals mit dem der Taktik und operativen Handlungsleitlinien fälschlicherweise gleichgesetzt. Bevor im Detail mögliche Strategien beim Einsatz von Social Media aufgeführt werden, soll zunächst auf den Begriff Strategie und dessen Abgrenzung zum Begriff Taktik eingegangen werden.

> Strategie: ... ist ein längerfristig ausgerichtetes planvolles Anstreben eines Ziels unter Berücksichtigung der verfügbaren Mittel und Ressourcen.
>
> (Quelle: Wikipedia)

Unter Strategie werden in der Wirtschaft klassisch die (meist langfristig) geplanten Verhaltensweisen der Unternehmen zur Erreichung ihrer Ziele verstanden. In diesem Sinne zeigt die Unternehmensstrategie in der Unternehmensführung, auf welche Art ein mittelfristiges (ca. 2–4 Jahre) oder langfristiges (ca. 4–8 Jahre) Unternehmensziel erreicht werden soll. Da diese Zeiträume für das noch junge Feld des Social Media-Marketing wie Lichtjahre erscheinen, sind, je nach individueller Sachlage, hier kürzere Zeitabschnitte realistischer. Die klassische Definition von Strategie wird heute vor allem auf Grund ihrer Annahme der Planbarkeit kritisiert, denn die Erfahrung zeigt: Meistens kommt es anders als man es geplant hat. Strategie ist auch ein Muster, d.h. Beständigkeit im Verhalten über einen Gewissen Zeitraum (vgl. Mintzberg, 1995, S. 30). Die Kunst besteht darin eine Strategie zu entwickeln, die einerseits zielführend ist, andererseits aber genug Flexiblität und Anpassungsfähigkeit an die sich schnell ändernden Rahmenbedingungen erlaubt. Sie hat deswegen einige Erweiterungen erfahren, wie z. B. durch Henry Mintzberg. Eine homogene Auffassung von Strategie herrscht in der wissenschaftlichen Literatur nicht vor.

Die Abgrenzung zur Taktik wurde von Carl von Clausewitz wie folgt formuliert:

Taktik: „In der Strategie, wo alles viel langsamer abläuft (als in der Taktik), ist den eigenen und fremden Bedenklichkeiten, Einwendungen und Vorstellungen und also auch der unzeitigen Reue gegönnt, und da man die Dinge in der Strategie nicht wie in der Taktik wenigstens zur Hälfte mit eignen leiblichen Augen sieht, sondern alles erraten und vermuten muss, so ist auch die Überzeugung weniger kräftig. Die Folge ist, dass die meisten Generale, wo sie handeln sollten, in falschen Bedenklichkeiten steckenbleiben..."

Carl von Clausewitz, „Vom Krieg", 1832

Im Zusammenhang mit dem Begriff Strategie wird oft von den vorgeordneten Konzepten der Mission und Vision eines Unternehmens gesprochen. Die Strategie beschreibt die langfristige Planung. Teil-Strategien für z. B. die Bereiche Marketing, Vertrieb oder HR werden als taktische (mittelfristige) sowie als operationale (kurzfristige) Ebene angesehen.

Bei der Strategie geht es jedoch nicht um strikte Planung, sondern darum durch eine längerfristige Betrachtungsweise einen Wettbewerbsvorteil zu entwickeln, der auf klaren und schwer imitierbaren Unterscheidungsmerkmalen (Unique Selling Propositions, kurz USPs) beruht.

Henry Mintzberg definiert Strategie wiederholt als „ein Muster in einem Strom von Entscheidungen engl.: „a pattern in a stream of decisions".

Eine Strategie bedingt, dass es einen Plan gibt (inteded strategy), der vollständig in die Tat umgesetzt wird (realized strategy). Soweit die Theorie. In der Praxis wird leider oft erst mit der Umsetzung begonnen und danach der Sinn bzw. die strategische Einordnung von Social Media Maßnahmen an den Haaren herbeigezogen. Dies ist in soweit verständlich, dass eine Experiment-Phase durchaus von Trial-and-Error lebt und überhaupt nicht strategisch planbar ist; allerdings sollte sie zumindest Teil eines großen Ganzen sein und eine strategische Mindestfunktion erfüllen.

2.1   Social Media Strategiefindung – wie vorgehen?

In der „Focusgruppe Social Media-Strategie" der NextCC[18] an der Universtät St. Gallen wurde 2011 einmal die Frage gestellt „Kann es auch eine Strategie sein, keine Strategie zu haben?". Gestandene Experten aus der Unternehmenskommunikation, Hochschul- und Agenturwelt begannen erstnhaft und intensiv zu diskutieren und diese Episode zeigt, wie schwer es offensichtlich fällt eine richtige Social Media-Strategie zu finden. Ganz zu Beginn ist es sehr ratsam zunächst eine Phase des Lernens und Verstehens (Analysephase) zu durchleben in der die Möglichkeiten, Tragweite, Chancen und Risiken des integrativen Einsatzes von Social Media

---

18 www.nextcc.ch

in der Unternehmenskommunikation wahrgenommen und verstanden werden. Um grundlegende Fehler zu vermeiden sollte hier intern Know-How aufgebaut werden (z. B. durch Seminare, Workshops durch interne und externe Know-How-Träger). Auch wenn zu einem späteren Zeitpunkt die Entscheidung fallen sollte Teile der Kommunikation auszulagern, z. B. dedizierte Service-Angebote per Twitter als Ergänzung zum klassischen Call-Center, ist ein interner Know-How-Aufbau zum Verständnis der grundlegenden „Mechanik" und kulturellen Gepflogenheiten im Social Web unabdingbar.

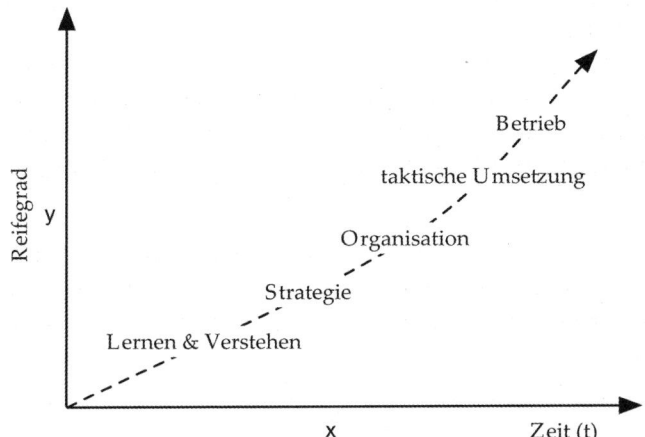

Abbildung 10: **Reifegrade einer Organisation im Social Web**

2.2 Merkmale einer guten Social Media Strategie

Eine gute Strategie zeichnet sich durch folgende Merkmale aus: Sie muss eine attraktive und motivierende Zukunftsperspektive enthalten, es muss klar sein, was nicht mehr gemacht wird, sie muss Innovationscharakter haben, auf einer fundierten Analyse basieren und in der Organisation umsetzbar sein. Das Risiko muss abschätzbar sein und die Strategie muss an die Mitarbeiter kommuniziert werden und mit konkreten Zielen verbunden sein, damit eine Erfolgskontrolle bzw. einem „aus dem Ruder laufen" zeitnah gegengesteuert werden kann. Für eine Social Media Strategie kann dies z. B. bedeuten:

Social Media Strategie für den Personalbereich (Beispiel)

Bei einem Unternehmen, das als strategisches Unternehmensziel u. a. „kulturelle Vielfalt, Chancengleichheit und nachhaltige Personalentwicklung" definiert hat, kann eine Social Media Strategie dieses Ziel konkret unterstützen und wie folgt aussehen:

Attraktive und motivierende Zukunftsperpektive: „Unser strategisches Ziel ist es im Social Web bei High-Potentials als moderner und attraktiver Arbeitgeber wahrgenommen zu werden, damit wir in der Zukunft die talentiertesten Mitarbeiter für uns gewinnen können."

Innovationscharakter: „Mit intelligenten Mehrwert-Angeboten zur Karriereberatung auf unserer Facebook Seite bzw. in unserem Video-Blog unterstützen wir das Hochschulmarketing mit Kampagnen im Social Web."

Fundierte Analyse: Durch Social Media Monitoring haben wir im Vorfeld das Social Web nach den für uns relevanten Kanälen untersucht und wissen, wo sich unsere Zielgruppe aufhält, was sie bewegt und wie unsere Marktbegleiter das Thema adressieren. Hierbei haben wir herausgefunden, dass unsere Zielgruppe praktisch keine lokalen Tageszeitungen mehr liest, sondern sich bzgl. Karriereplanung zu 90% im Web informiert.

Was nicht mehr gemacht wird: Wir reduzieren auf Stellenanzeigen in lokalen Print-Medien auf ein Minimum.

Risiko adressieren: Wir haben ein hervorragend ausgebildetes Team, dass mit klaren Befugnissen, Kommunikationsrichtlinien und Eskalationsplänen ausgestattet ist.

Strategie an die Mitarbeiter kommunizieren: Im Intranet/im internen Firmenmagazin haben wir die Strategie und das Team, das mit der Umsetzung befasst ist publiziert und zur Mitarbeit aufgerufen.

Konkrete Ziele: Das Social Media Team hat konkrete Ziele erhalten durch ein Reporting-System (z. B. auf Basis der Balanced Scorecard) ist jederzeit erkennbar, ob die Maßnahmen „im grünen Bereich" laufen oder ob mit entsprechenden Kurskorrekturen gegengesteuert oder unterstützt werden muss.

Dieses Beispiel zeigt, dass es eine einzige Social Media Strategie nicht gibt sondern vielmehr die strategischen Ziele in den einzelnen Geschäftsbereichen (hier die der Personalabteilung) unterstützen sollte. Ziele (strategische oder taktische) in anderen Unternehmensbereichen wie z. B. Steigerung des Marktanteils in Region XY, Erhöhung der Kundenzufriedenheit oder schnellere Produkt-entwicklungszyklen sind hier noch gar nicht berücksichtigt.

2.2.1   Hat Social Media an sich einen Return on Investment (ROI)?

Kann Ihre Organisation ohne Social Media überleben? Viele werden diese Frage mit „Ja, natürlich" beantworten. Manche Experten werden antworten „Ja, aber nicht mehr lange" (vgl. Solis, 2011). Dienstleister werden schnippisch fragen „...haben Sie jemals den ROI Ihrer Webseite ermittelt?". Sicherlich hängt es stark von Marktgegebenheiten, Branche und anderen externen Faktoren ab, wann und mit welcher Macht die globalen Trends Social, Local, Mobile (SoLoMo) Ihr Geschäftsmodell berühren. Fakt ist aber, dass Organisationen, die sich immer noch nicht mit dem Phänomen Social Media und dessen Auswirkung auf die eigene Unternehmensstrategie auseinander gesetzt haben, Wettbewerbsvorteile verspielen.

Social Media mit seinem innovativen Kommunikationscharakter hat an sich keinen Geschäftszweck, sondern sollte in die existenten Wertschöpfungsprozesse integriert werden und diese unterstützen. Es gibt daher nicht die einzig wahre „Social Media Strategie". Vielmehr ist Social Media durch seinen Echtzeitcharakter und seine Hypervernetzung ein Beschleuniger und Innovationstreiber für viele Geschäftsbereiche wie z. B. HR, Marketing und Vertrieb, PR, Produktmanagemement, Service und Support und somit ein klarer Wettbewerbsvorteil.

2.3 Checkliste Strategieentwicklung

Bevor eine Strategie entwickelt wird, ist es ratsam folgende Checkliste zu beachten:

1. Die Vision des Unternehmens sollte bekannt sein.
2. Ebenso die Mission
3. Brand Audit: eine Analyse der Organisation, des Umfelds und der Trends im Social Web (hervorragend mit den Mitteln eines Social Media Monitoring durchführbar)
4. Jetzt kann die Entwicklung einer Strategie wie oben beschrieben erfolgen
5. Selbstverständlich darf die Integration der Mitarbeiter in die Strategie nicht vergessen werden (Social Media Policy nicht vergessen!)
6. Ausrichtung der Zielvereinbarung auf die Strategie („only what gets measured gets done")
7. Analyse, Controlling und Nachjustieren

Folgendes Schaubild soll die Schritte verdeutlichen, die eine erfolgreiche Social Media Strategie ausmachen. In der Frühphase ist ein Top-Down-Ansatz mit dediziertem Management-Committment ein Beschleuniger, jedoch ist in der Umsetzungsphase ein kontinuierliches „in die Organisation hinein tragen" notwendig, d. h. interne Kampagnen um die grundlegenden Veränderungen in der Unternehmenskommunikation den Mitarbeitern und Kollegen ans Herz zu legen sind wichtig. Dies kann in analogen Medien (Mitarbeiter- und Kundenzeitschriften), auf unternehmensinternen Portalen, in Newslettern und Promo-Kampagnen vor der Cafeteria-Tür geschehen. Veranstaltungen (z. B. Betriebsversammlungen) bieten die Chance die Belegschaft über die neuen Wege der Unternehmenskommunikation zu unterrichten. Der nachhaltigste Ansatz ist es alle Mitarbeiter in Schulungen und Workshops an das Thema heranzuführen.

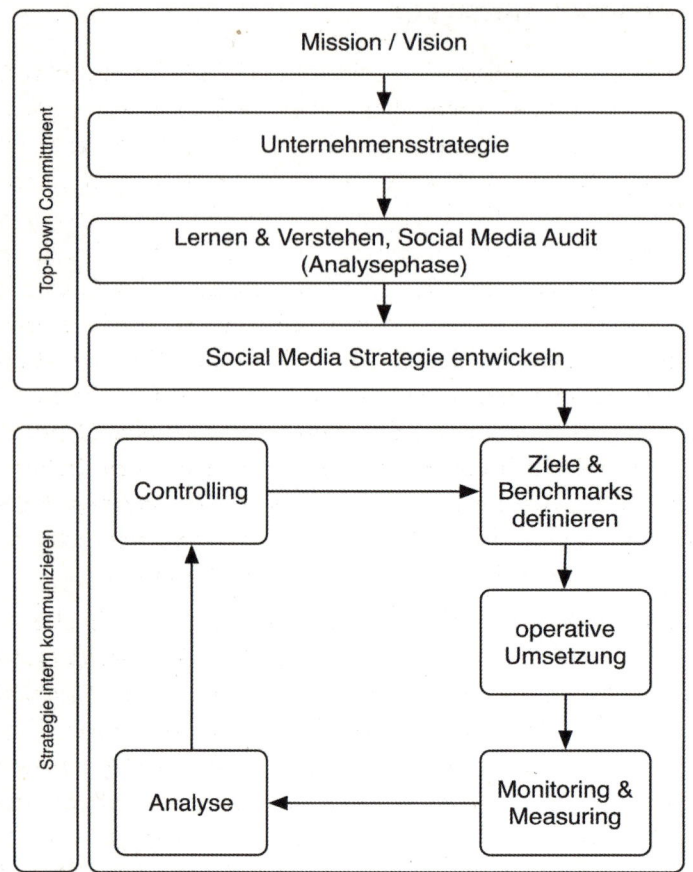

Abbildung 11:   Ablauf Social Media Strategieplanung und Umsetzung

2.4   Integration von Social Media Superkräften ins Unternehmen

Will man die Superkräfte von Social Media in die Wertschöpfung eines Unternehmens integrieren, gibt es zahlreiche Möglichkeiten und Chancen. Strategieansätze zu den einzelnen Geschäftsbereichen finden sich im Kapitel 5.

Universell für alle Anwendungszwecke sind die folgenden Phasen notwendig:

1. Lernen und Verstehen (Analyse) (siehe 2.4)
2. (Initial-)Strategien (siehe 2.5)
3. Organisation (siehe 2.6)
4. Betrieb (siehe 2.7)
5. Steuerung (Measuring und Controlling) (siehe Kapitel 3)

Im Folgenden werden die einzelnen Phasen näher erläutert.

2.5   Lernen und Verstehen (Analyse)

So wie jeder Superheld seine Schwachstellen hat, können Social Media Superkräfte (z. B. Viraltät) auch schnell zu grossen Nachteilen werden. Wenn man also Neuland betritt ist es ratsam erst einmal zu lernen, zuzuhören, die kulturellen Eigenheiten wahrzunehmen und sich diese ggf. anzueignen. Genauso verhält es sich auch im Social Web. Wendet man alte Handlungsmuster an, führt dies schnell zu verbrannter Erde. Negativbeispiele hierfür werden im Netz zur Genüge diskutiert. Durch die Viralität im Netz können sich schlechte Bewertungen oder Unzufriedenheit eines Kunden schnell verbreiten. Egal ob man sebst im Web aktiv ist oder nicht. Ein sogenannter Shitstorm wird ausgelöst. Ein Shitstorm ist ein Angriff auf die Reputation eines Unternehmens oder einer Person. Meist wird er durch falsches Verhalten (meist Anfängerfehler) in Sozialen Netzwerken regelrecht provoziert. Beispiele hierfür sind: Missbrauch von Social Media-Kanälen als zusätzliches Medium zur Platzierung von Marketing-Botschaften (Spam), Einsatz von Fake-Facebook-Profilen zur Traffic-Gewinnung in Affiliate-Programmen, Versuche der Zensur oder Beschneidung der Redefreiheit im Netz (Nestlé/KitKat) uvm.

In der Lernphase ist es also zunächst sinnvoll, dass Mitarbeiter sich eine Spielwiese im Social Web zulegen und als Privatperson (nicht unbedingt als Angestellter oder als Firma) die verschiedenen Kanäle, seien es Blogs, Videoplattformen, Facebook (Pages), Photoblogs, Twitter usw. testen, miteinander verknüpfen, erste Blogeinträge verfassen (dies muss initial nicht unbedingt im Firmenkontext geschehen) und das Teilen und Weiterleiten (Share/Retweet), kommentieren, und abonnieren (Push-Mechanismen wie RSS-Feeds) zu erfahren. In Seminaren erlebt man regelmässig grosse „Aha-Effekte" bei Entscheidern jenseits der 45, die sich selbst als Digital Immigrants bezeichnen, und sich freuen nun endlich zumindest Ansatzweise mit der Generation Ihrer Kinder mitreden zu können.

Abhängig vom internen Reifegrad, der Größe und Branchenträgheit einer Organisation (u. a. Dialogfähigkeit des Managements und der Mitarbeiter, kulturelle Bereitschaft Informationen zu Teilen, Internetaffinität, Medien- und Informationskompetenz) ist die Phase „Lernen und Verstehen" von sehr unterschiedlicher Dauer und kann erfahrungsgemäß von 3-6 Monaten bis hin zu 3 Jahren dauern.

2.5.1   Social Media Brand Audit

Während das Unternehmen sich intern auf das Neuland Social Web vorbereitet, ist ein guter Zeitpunkt parallel einen externen Monitoring-Dienstleister mit der Beantwortung der Frage „Wie stehen wir in Sozialen Netzwerken aktuell da?" zu beauftragen. Dies geschieht ohne dass wir nach Außen als Organisation selbst im Social Web aktiv werden. Was machen unsere Marktbegleiter, wie sehen Best Practices in unserer Branche aus und was zeichnet diese qualitativ und quantitativ aus (Benchmarking)? Es handelt sich also um eine Momentaufnahme, die üblicherweise die jüngere Vergangenheit bis zur Gegenwart über einen dedizierten Zeitraum wie z. B. 3, 6 oder 12 Monate betrachtet.

Das Ergebnis ist eine Bestandsaufnahme wie es um Ihre Marke (bzw. Unternehmen) im Social Web bestellt ist und zeigt erste Anhalts- und Ansatzpunkte wo es sich lohnt aktiv zu werden. Sollte man in Punkto Social Media noch überhaupt keine Ziele und Strategien verfolgen eignet sich eine erste Analyse sehr gut zur Standortbestimmung und der Vorbereitung aller weiterer Schritte. Details zu den Möglichkeiten des Social Media Monitoring finden sich in Kapitel 3.2.

Checkliste für die Phase Lernen und Verstehen (Analyse)

Ziele intern: Reifegradermittlung, kulturelles „Readyness Assessment"

Ziele extern: Social Media Brand Audit (Wo stehen wir, wer redet wo was über uns). Wie sieht uns das Social Web?

Operativ: Identifikation der Stakeholder, Weiterbildung und externe Beratung, initiales Monitoring und Auswertung

Ressourcen: Bildung eines initialen Social Media Teams, Ressourcenallokation für ein erstes Social Media Brand Audit

Anspruchsgruppen: meist ausgehend vom Bereich Unternehmenskommunikation

Erkenntnisgewinn: ist Social Media für uns überhaupt relevant und wenn ja für welche Geschäftsbereiche? Wo und wie können wir im Social Web profitieren?

Entscheidungen: Beteiligen wir uns aktiv im Social Web?

Auf welchen Kanälen und in welcher Form beginnen wir dort mit der Unternehmenskommunikation, welche Ressourcen benötigen wir dafür, mit welchen Abteilungen werden wir hierbei im ersten Schritt kooperieren?

2.6   Initial-Strategie

Wie am Anfang dieses Kapitels beschrieben sind bei der Strategieentwicklung wichtige Kernkomponenten zu beachten. Davon ausgehend, dass in der Phase „Lernen und Verstehen" der gewünschte Erkenntnisgewinn und die Entscheidung für ein passives oder aktives Engagement im Social Web gefallen ist, kann nun eine Initial-Strategie in Erwägung gezogen werden. Je nachdem welche strategischen Ziele gesetzt wurden, können Social Media Strategien wie folgt aussehen:

2.6.2   Passiv-Strategie „Just listening"

Fundierte Analyse: Durch Social Media Monitoring haben wir im Vorfeld das Social Web nach den für uns relevanten Kanälen untersucht und wissen, wo unsere Kunden sich aufhalten, was sie bewegt und wie wir im Verhältnis zu unseren Marktbegleitern dastehen. Hierbei haben wir herausgefunden, dass unsere Kunden das Social Web als Customer-Care Kanal akzeptieren und mit uns auf Augenhöhe kommunizieren wollen und sich somit als Kunde ernst genommen fühlen.

Strategie an die Mitarbeiter kommunizieren: Im Intranet/im internen Firmenmagazin wie auch in der Presse haben wir die Strategie und das Team, das mit der Umsetzung befasst ist publiziert und die Belegschaft zur Mitarbeit aufgerufen.

Konkrete Ziele: Das Customer Care-Team hat konkrete Ziele erhalten (quantitative wie auch qualitative), durch ein Measuring-System (z. B. auf Basis der Balanced Scorecard oder des bereits existenten Ticket-Systems) ist jederzeit erkennbar, ob die Maßnahmen „im grünen Bereich" laufen oder ob mit entsprechenden Kurskorrekturen gegengesteuert oder unterstützt werden muss.

2.6.3 Social Media Strategie „Customer Care"

Attraktive und motivierende Zukunftsperpektive:

Unser strategisches Ziel ist es im Social Web den Bedarf unserer Bestandskunden zu antizipieren und proaktiv durch personalisierte adressierte Angebote zu befriedigen. Wir wollen den Bedarf von wechselwilligen Kunden unserer Marktbegleiter erkennen und deren unzufriedene Kunden zu unseren Kunden machen.

Innovationscharakter: Mit intelligenten Social Plugins erweitern wir die Reichweite unseres CRM ins Social Web. Unsere Account Manager erhalten dadurch wichtige Einsichten in die Bedürfnisse unserer Kunden und können schneller und präziser auf persönlicher Ebene darauf eingehen.

Fundierte Analyse: Durch Social Media Monitoring haben wir im Vorfeld das Social Web nach den für uns relevanten Kanälen untersucht und wissen, wo unsere Kunden sich aufhalten, was sie bewegt und wie wir im Verhältnis zu unseren Marktbegleitern dastehen. Hierbei haben wir herausgefunden, dass unsere Kunden das Social Web als Customer-Care-Kanal akzeptieren und mit uns auf Augenhöhe kommunizieren wollen und sich somit als Kunde ernst genommen fühlen.

Was nicht mehr gemacht wird: Wir treten nicht als Firma (anonyme Firmenprofile) im Netz auf sondern mit den Gesichtern unserer Mitarbeiter, die speziell auf diese Aufgaben vorbereitet worden sind.

Risiko adressieren: Wir haben ein hervorragend ausgebildetes Team, das mit klaren Befugnissen, Kommunikationsrichtlinien und Eskalationsplänen ausgestattet ist. Sobald mit einem Kunden Vertragsdaten oder personenbezogene Daten (Telefonnummern, E-Mailadressen o.ä.) ausgetauscht werden müssen, nutzen wir die existenten Service-Prozesse und Ticket-Systeme.

Strategie an die Mitarbeiter kommunizieren: Im Intranet/im internen Firmenmagazin wie auch in der Presse haben wir die Strategie und das Team, das mit der Umsetzung befasst ist publiziert und die Belegschaft zur Mitarbeit aufgerufen.

Konkrete Ziele: Das Customer Care-Team hat konkrete Ziele erhalten (quantitative wie auch qualitative), durch ein Reporting-System (z. B. auf Basis der Balanced Scorecard oder des bereits existenten Ticket-Systems) ist jederzeit erkennbar, ob die Maßnahmen „im grünen Bereich" laufen oder ob mit entsprechenden Kurskorrekturen gegengesteuert oder unterstützt werden muss.

2.6.4   Social Lead Generation Strategie

Attraktive und motivierende Zukunftsperspektive: Unser strategisches Ziel ist es im Social Web den Bedarf von Neukunden zu antizipieren und proaktiv durch personalisierte adressierte Angebote zu befriedigen. Wir wollen den Bedarf von Konsumenten frühzeitig erkennen und unzufriedene Kunden der Marktbegleiter zu unseren Kunden machen.

Innovationscharakter: Mit intelligenten Social Plugins erweitern wir die Reichweite unseres CRM ins Social Web. Unsere Account Manager erhalten dadurch wichtige Einsichten in die Bedürfnisse unserer Kunden und können schneller und präziser auf persönlicher Ebene darauf eingehen.

Fundierte Analyse: Durch Social Media Monitoring haben wir im Vorfeld das Social Web nach den für uns relevanten Kanälen untersucht und wissen, wo unsere Kunden sich aufhalten, was sie bewegt und wie wir im Verhältnis zu unseren Marktbegleitern dastehen. Hierbei haben wir herausgefunden, dass unsere Kunden das Social Web als Customer-Care-Kanal akzeptieren und mit uns auf Augenhöhe kommunizieren wollen und sich somit als Kunde ernst genommen fühlen.

Was nicht mehr gemacht wird: Wir treten nicht als Firma (anonyme Firmenprofile) im Netz auf sondern mit den Gesichtern unserer Mitarbeiter, die speziell auf diese Aufgaben vorbereitet worden sind.

Risiko adressieren: Wir haben ein hervorragend ausgebildetes Team, das mit klaren Befugnissen, Kommunikationsrichtlinien und Eskalationsplänen ausgestattet ist. Sobald mit einem Kunden Vertragsdaten oder personenbezogene Daten (Telefonnummern, E-Mailadressen o.ä.) ausgetauscht werden müssen, nutzen wir die existenten Service-Prozesse und Ticket-Systeme.

Strategie an die Mitarbeiter kommunizieren: Im Intranet/im internen Firmenmagazin wie auch in der Presse haben wir die Strategie und das Team, das mit der Umsetzung befasst ist publiziert und die Belegschaft zur Mitarbeit aufgerufen.

Konkrete Ziele: Das Customer Care-Team hat konkrete Ziele erhalten (quantitative wie auch qualitative), durch ein Measuring-System (z. B. auf Basis der Balanced Scorecard oder des bereits existenten Ticket-Systems) ist jederzeit erkennbar, ob die Maßnahmen „im grünen Bereich" laufen oder ob mit entsprechenden Kurskorrekturen gegengesteuert oder unterstützt werden muss.

2.6.5   Social Media Strategie „Employer Branding"

Attraktive und motivierende Zukunftsperspektive: Zur Umsetzung unserer Unternehmensstrategie sind hervorragend ausgebildete Mitarbeiter ein zentraler Erfolgsfaktor. Um unsere Stellung als Weltmarktführer zu halten und auszubauen müssen wir die besten Köpfe für uns gewinnen (War-of-Talents) und uns als attraktiver Arbeitgeber in der Außendarstellung entsprechend präsentieren. Um als innovatives Unternehmen wahrgenommen zu werden, richten wir verschiedene Karriere-Channels im Social Web ein durch die potentielle Absolventen und Auszubildende einen Einblick ins Unternehmen gewinnen sollen. Um höchstmögliche Authentizität und Transparenz zu gewährleisten werden wir keine Image-Filme drehen lassen sondern Azubis und Berufseinsteiger über ihren Alltag bei uns u. a. per Video-Blog auf YouTube berichten lassen.

Innovationscharakter: Durch die Nutzung des Social Web erreichen wir unsere zukünftigen Mitarbeiter in der richtigen Sprache und auf dem richtigen Medium. Durch den Dialog-Charakter, z. B. auf der Facebook-Pinnwand unseres Unternehmens können Interessenten schon vor der Bewerbungsphase unkompliziert und ohne Berührungsängste Fragens stellen und sich mit anderen Auszubildenden und Absolventen austauschen. Unsere Angestellten werden dadurch zu Unternehmensbotschaftern.

Fundierte Analyse: Eine Umfrage hat ergeben, dass die sinkenden Bewerberzahlen u. a. dadurch zu erklären sind, dass das Firmenimage nach außen hin sehr konservativ ist und die Absolventen sich kein Bild vom Unternehmensalltag bei uns machen können. Ein Social Media Brand Audit hat gezeigt, dass so gut wie gar nicht über uns im Social Web gesprochen wird, dass es jedoch zahlreiche Plattformen und Foren gibt in denen sich unsere Zielgruppen aufhalten.

Was nicht mehr gemacht wird: Wir werden keine Image-Filme und weniger das Standard PR-Material im Employer Branding benutzen, da nach unserer Analyse die Zielgruppe diesen Darstellungen weniger Vertrauen entgegenbringt als direkten Aussagen (z. B. in Video-Interviews) von Mitarbeitern.

Risiko adressieren: Die Mitarbeiter, die Inhalte für die Außendarstellung mitgestalten können/sollen sind mit klaren Befugnissen ausgestattet und mit den Kommunikationsrichtlinien vertraut gemacht. Die Veröffentlichung im Netz wird durch den Bereich Unternehmenskommunikation qualitätsgesichert, damit z. B. nicht unbeabsichtigt vertrauliche Informationen veröffentlicht werden.

Strategie an die Mitarbeiter kommunizieren: Die Inhalte werden parallel im Intranet bzw. im internen Firmenmagazin publiziert und die Auszubildenden tragen die Botschaft durch Reportagen und Produktionen in die einzelnen Ausbildungsabteilungen hinein.

Konkrete Ziele: Die Unternehmenskommunikation erarbeitet mit der HR-Abteilung konkrete Ziele (quantitative wie auch qualitative), deren Fortschritt und

Erfolg in einem monatlichen Meeting beobachtet und gesteuert wird. Die Entwicklung der Bewerberzahlen, deren Notendurchschnitt bzw. die Anzahl der Bewerber
von sog. Elite-Universitäten sind als erste Indikatoren für den Erfolg der Maßnahmen identifiziert worden.

Die zuvor genannten Strategieansätze sind nicht als universell verwendbare Blau-
pausen zur generischen Verwendung zu verstehen. Vielmehr sollen sie zum Ausdruck bringen, daß es unendlich viele Möglichkeiten gibt, bei denen der Einsatz
von Social Media die Unternehmens- und Abteilungsziele unterstützen kann.

Checkliste für die Phase Initial-Strategie

Ziele intern: Definition einer Strategie

Ziele extern: Visibilität im Social Web

Operativ: redaktionelle Betreuung der gewählten Social Media-Kanäle

Ressourcen: Community Manager (Operatives), Social Media Manager (Ko-
                ordination mit den internen Stakeholdern bzgl. Strategieentwick-
                lung, Controlling, Reporting)

Anspruchsgruppen: die strategisch betroffenen Fachabteilungen

Erkenntnisgewinn: erste „Live-Erfahrungen" als Organisation im Social
                Web, erste Berührungspunkte mit Gatekeepern und Multiplika-
                toren, interne Aufklärungsarbeit

Entscheidungen: auf welchen Kanälen und in welcher Form werden wir
                aktiv, welche Kennzahlen sind für uns relevant?

2.7   Organisation, Ressourcen, Kosten

Während des Strategieentwicklungsprozesses tauchen normalerweise zusätzliche
Fragen auf, nämlich

1. Wo hängen wir das Thema organisatorisch auf?
2. Welche Ressourcen benötigen wir?
3. Wem trauen wir diese Aufgabe zu?

2.7.1   Organisatorische Zuordnung

In einer der Altimeter Group durchgeführten Studie[19] zum Berufsbild und der
organisatorischen Einordnung des „Social Strategist" in den USA wurde folgendes
festgestellt: In mehr als 70% der Fälle kümmert sich das Marketing oder die Unternehmenskommunikation um die Social Media-Aktivitäten einer Organisation. Dies
liegt nahe, denn es geht in der Tat in erster Linie um Kommunikation, Außen- und

---

19 http://www.altimetergroup.com/research/reports/report-career-path-of-the-corporate-
    social-strategist

Innendarstellung der Organisation. Lediglich 6% der Unternehmen haben bisher eine eigene, fachübergreifende Stelle „Social Media" bzw. „Social Strategy" geschaffen. Zu fast 60% ist die Nabe-Speiche Organisationsform zu finden in der eine zentrale Einheit sich um Strategie, Führung, Ressourcenplanung und Koordinierung der Aktivitäten in den unterschiedlichen Geschäftsbereichen kümmert. Diese Organisationform sichert Skalierbarkeit und wird den durchaus unterschiedlichen Anforderungen von beteiligten Geschäftsbereichen am ehesten gerecht.

2.7.2 Ressourcen

Unternehmen, die sich in der Anfangsphase (siehe Kap. 2.5 *„Lernen und Verstehen/ Analyse")* ihrer Social Media Aktivitäten befinden, haben oftmals kein oder nur ein sehr geringes Budget hierfür vorgesehen. In der Praxis bedeutet dies, dass Mitarbeiter in der Unternehmenskommunikation oder im Marketing die Social Media Kanäle „nebenbei" noch mit betreuen. Dies ist weder skalierbar noch professionell, denn entweder leidet die Kommunikation oder die Mitarbeiterzufriedenheit mittelfristig darunter. Ein erster Schritt in Richtung Professionalisierung ist die Zusammenstellung eines kleinen Teams, bestehend z. B. einem koordinierenden Social Media-Manager, der (je nach Branche und der Anzahl der Kommunikationsvorgänge und -Kanäle) von Community Managern unterstützt wird. Die Organisationsform ist hier meist zentralistisch geprägt.

Existiert eine an den strategischen und operativen Unternehmenszielen ausgerichtete Social Media-Strategie, beginnt also die Integration in bestehende Wertschöpfungsprozesse, werden vom Team rund um den Social Media-Manager Knotenpunkte in den ersten Fachabteilungen (z. B. Marketing und Vertrieb, HR) gebildet, damit eine koordinierte Strategieverfolgung gewährleistet ist. Hierbei ist es empfehlenswert „Quick-Wins" anzustreben, d.h. mit den Kollegen aus den Fachabteilungen gemeinsam Maßnahmen zu realisieren, die deren Wirkung für alle Beteiligten inkl. der Budgetverantwortlichen kurzfristig feststellbar ist. Welchen Herausforderungen der Social Media Manager im Unternehmen gegenübersteht und welche Talente und Fähigkeiten er mitbringen muss, soll im Folgenden aufgezeigt werden.

2.7.3 Wem trauen wir diese Aufgabe zu?

Social Media Manager (oftmals auch „Chief Online Strategist" oder „Social Strategist" bezeichnet) haben einen digitalen oder Marketing-Hintergrund. Während sich Social Media in der Technologie noch weiter entwickelt, sind die meisten Social Media Manager bereits in digitalen Technologien oder im Marketing zu Hause. Social Media Manager sind gebildet und haben oft einen Kommunikations-, Marketing- oder Wirtschafts-Abschluss. Viele Personalmanager bevorzugen bei Ihren Kandidaten einen höheren Abschluss, hauptsächlich einen MBA, mindestens jedoch einen Bachelor-Abschluss, bevorzugt in den Bereichen Kommunikation, Marketing, Business oder Technologie.

2.7.4   Das Berufsbild „Social Media Manager"

Die neu entstandene Rolle des Social Media Manager ist entscheidend für die erfolgreiche Integration von Social Media in die Wertschöpfungsprozesse eines Unternehmens. Zum überwiegenden Anteil der Unternehmenskommunikation oder dem Marketing zugeordnet ist er verantwortlich für konzeptionelle, inhaltliche und zum größten Teil auch die operative Durchführung von Social Media-Aktivitäten, sofern er keine Ressourcen für Community-Manager hat oder das Help-Desk-Personal zumindest in Teilen noch nicht auf Social Media „umgeschult" wurde.

Aufgrund der kurzen Lernkurve fehlt es den meisten Social Media-Managern und ihren Programmen noch an Erfahrungswerten, langfristiger strategischer Ausrichtung und einem formalisierten Programm. Das ist auch vollkommen normal, denn der gesamte Markt ist noch sehr jung und die unterstützenden Technologien (z. B. Monitoring) noch nicht ausgereift. Dies führt einerseits zu einem hohen Gestaltungsspielraum, andererseits kämpfen Social-Manager trotz allem Hype an unterschiedlichsten Fronten:

1. Widerstand von Seiten der hauseignen Kommunikationskultur
2. Erfolgsmessung und Nachweis des ROI
3. Ressourcenmangel
4. Sich ständig ändernde Technologien
5. Neid und Missgunst bezüglich der Position
6. Zunehmend höhere Begehrlichkeiten aus div. Fachabteilungen

Social Media Manager werden immer mehr externe und interne Geschäftsanforderungen erhalten, wenn sich Social Media zu einer Mainstream-Technologie weiterentwickelt.

2.7.5   Tipps zur Personalauswahl eines Social Media Managers:

Ein potentieller Kandidat hat idealerweise folgende Eigenschaften, Erfahrungen und Freiheiten:

1. Finden Sie einen Bewerber, der aus dem Bereich Online-Marketing kommt
2. Suchen Sie einen Bewerber, der sich vor allem auf die Unternehmensziele anstatt überwiegend auf die neuesten Technologien konzentriert
3. Geben Sie einem Bewerber die Möglichkeit, Risiken einzugehen

Weil dieses Programm zu internen Konflikten führen kann, müssen Führungskräfte genügend Freiraum und klare Anweisungen geben, und dann ihren Social Strategist mit Herausforderungen und Vergütungen entsprechend belohnen – oder sie riskieren, diese Schlüsselperson an Unternehmen zu verlieren, die deren Fähigkeiten verstehen und einsetzen können.

Da Unternehmen immer mehr Social Media-Programme entwickeln, um mit den Konsumenten stärker in Verbindung zu treten, brauchen sie Programm-Manager, die für diese Investitionen verantwortlich sind.

Zusammengefasst lässt sich der Social Media Manager wie folgt definieren:

> Der Social Media Manager ist Entscheidungsträger für Social Media-Programme im Unternehmen In seinen Verantwortungsbereich fallen die Festlegung des Strategieplans, die Leitung des Teams und die Erfolgskontrolle; er beeinflusst die Auswahl von Technologie-Anbietern und Dienstleistungsagenturen.

Der Erfolg des Social Media Managers beruht auf Flexibilität und der Fähigkeit, innerhalb ihres Unternehmens angemessen zu handeln. Er besitzt einzigartige Sozialkompetenzen, die dafür gebraucht werden, um ein neues Geschäftsprogramm mit einem mutli-disziplinären und bereichsübergreifenden Ansatz zu führen. Sie verhalten sich eher wie Programmmanager und treten als Wissenslieferant für das gesamte Unternehmen auf.

2.8 Betrieb

Regelwerk zur Planung und Umsetzung der Social-Media-Marketing-Aktivitäten

2.8.1 Redaktionsplan

Ein Redaktionsplan liefert eine Übersicht über sämtliche Social Media-Marketing-Aktivitäten und hilft diese zu planen. Der Redaktionsplan unterstützt zum einen das Marketing-Team darin, die Inhalte für das Social Media-Marketing immer relevant zu halten und regelmäßig neue Inhalte zu veröffentlichen. Zum anderen ermöglicht er, die Mitarbeiter sowie das C-Level-Management über alle Maßnahmen zu informieren und somit die Einhaltung der gesetzten Ziele zu belegen. Ein Redaktionsplan ist stets unternehmensspezifisch. Es ist zu empfehlen, den Redaktionsplan in zwei Teile zu gliedern: Einen Masterplan, der alle Aktivitäten auf einen Blick darstellt sowie einen Detailplan, der die einzelnen Aktivitäten näher beschreibt.

Inhalte des Masterplans:

- alle geplanten täglichen oder wöchentlichen Content-Aktivitäten mit Datum
- besondere Ereignisse (z. B. Events, Ferien, Feiertage), die einen Einfluss auf Inhalte oder Veröffentlichungen haben können
- Überblick über die Art des Contents

Diese Übersicht kann zudem beitragen, Ideen zu neuen Themen und Inhalten zu finden und die bereits bestehenden Inhalte in anderen Social Media-Marketing-Kanälen zu verbreiten (Cross-Media-Publishing). Der Detailplan enthält konkrete

Angaben zur Verwendung der einzelnen Social Media-Anwendungen, denen folgende Details zugeordnet werden (vgl. Mistlberger, 2010; Wiese, 2011):

- Zur Verfügung zu stellende Inhalte
- Erstellungsdatum
- Autor
- Vorläufiger Titel
- Ziel
- Zielgruppe (Buying Center, Multiplikatoren)
- Keywords für SEO
- Kategorien
- Tags
- Handlungsbedarf (gibt es Anzeichen für einen konkreten Handlungsbedarf)
- Status (fertiggestellt, in Bearbeitung, zur Abnahme)
- Abnahme

2.8.2   Social Media Management-Systeme

Zur Organisation von Arbeitsabläufen, der redaktionellen Planung und Auswertung von Basis-Kennzahlen der betriebenen Social Media-Kanäle eignen sich so genannte Social Media Management-Systeme. Diese Softwarelösungen erlauben es Social Media Managern, Community Managern und Autoren die eignen Social Media Kanäle von einer einzigen Konsole aus zu managen. Es können verschiedene Kanäle aggregiert und beobachtet und Inhalte veröffentlicht werden. Ebenso lässt sich komfortabel der jeweilige Rückkanal (Impressions, Clicks, Kommentare, Anzahl von Likes, Anzahl von Weiterleitungen u.ä.) beobachten und auswerten. Da diese Softwarekategorie noch sehr jung ist, herrscht auf der Anbieterseite noch eine hohe Dynamik bezüglich Funktionalitäten und Leistungsumfang.[20]

2.8.3   Social-Media-Richtlinien (Guidelines / Social Media Policy)

Social Media-Richtlinien sollten eine praktikable Anleitung für jeden Mitarbeiter des Unternehmens sein. Sie sind wichtig, um das notwendige Bewusstsein für den Umgang mit Social Media bei den Mitarbeitern zu schaffen. Denn Mitarbeiter eines Unternehmens nutzen Social Media nicht nur geschäftlich, sondern auch privat. Durch Social Media-Richtlinien muss den Mitarbeitern deutlich und verständlich vom Unternehmen aufgezeigt werden, was in Bezug auf Social Media im Umgang mit internen sowie externen Zielgruppen akzeptiert, erwünscht sowie unerwünscht ist (vgl. Wollan u.a ., 2011, S. 29). Dadurch wird den Mitarbeitern die Angst genommen, sich im Social Web falsch zu verhalten, was wiederum zu einem höheren Engagement führen kann. Bei der Konzeption einer unternehmenseigenen Social Media-Richtlinie ist es sinnvoll, sich zu Beginn an bereits bestehenden Social

---

20 http://www.web-strategist.com/blog/2011/07/11/social-media-management-system-
    smms-lack-differentiation-in-positioning-confusing-market/

Media-Richtlinie zu orientieren. Es ist jedoch notwendig, dass bei der Erstellung einer Social Media-Richtlinie die Kultur, Ziele und Strukturen des Unternehmens berücksichtigt werden (vgl. Boudreaux, 2011, S. 281). Zu den wichtigsten Inhalten einer SM-Richtlinie gehören (vgl. BITKOM, 2010; BVDW, 2010; Gillin/Schwartzman, 2011, S. 223 ff.; Hilker, 2010, S. 151; VDMA 2011):

Was sollte in den Guidelines stehen?

1. Erklärung/Zweck
2. Geltungsbereich
3. Regeln / gewünschte Verhaltensweisen

Offizielle Erklärung zu den Social Media-Richtlinien

Hier wird die grundsätzliche Haltung des Unternehmens gegenüber dem Einsatz von Social Media im Unternehmen beschrieben. Dazu wird der Begriff Social Media für den eigenen Unternehmenskontext definiert.

Warum nutzt das Unternehmen Social Media oder warum nicht. Und warum betrifft es auch die Mitarbeiter?

Ziele erläutern

Grundsätzlich müssen Social Media-Richtlinien auf den Social Media Marketing-Zielen des Unternehmens aufbauen. Hierzu ist eine Zielbeschreibung der Social Media-Marketing-Strategie und ihrer Ziele für die Mitarbeiter notwendig.

Transparenz

Um authentisch im Social Web als Unternehmen auftreten zu können und somit eine vertrauensvolle Beziehung mit den Interessensgruppen aufbauen zu können, muss das Unternehmen nach außen transparent auftreten. Dazu muss die Kommunikation des Unternehmens im Social Web klar als solche erkennbar sein, d. h. Mitarbeiter sollten sich in den sozialen Medien als solche zu erkennen geben. Gleichermaßen sollten private Meinungen der Mitarbeiter als solche gekennzeichnet werden. Generell sollte man keine Beiträge löschen. In der Community wird dies als Zensur auslegen, was zu einem Angriff auf das Image der Marke (bzw. des Unternehmens) führen kann (Shitstorm). Allerdings gibt es Ausnahmen, wann ein Beitrag oder Kommentar gelöscht werden darf (bzw. muss), Wenn es sich um einen klaren Regelverstoß handelt (z. B. rassistische Äußerungen oder sexuelle Anspielungen) muss schnell eingegriffen werden. Dabei sollte die Community informiert werden warum der beitrag gelöscht wurde. Ein Hinweis auf die Netiquette unterstützt die Argumentation.

Geheimhaltung

Zudem ist die Einhaltung von Social Media-Richtlinien und klare Regeln zum Umgang mit sensiblen Daten und Informationen sehr wichtig. Hierzu gehört auch, die Mitarbeiter darüber zu informieren, welche Konsequenzen eine Missachtung dieser Regeln nach sich zieht. In den meisten Unternehmen existieren Kommunikations- und Verhaltensrichtlinien. Hier genügt der Hinweis, dass diese auch für das Veröffentlichen im Internet gelten.

Respekt

Im Allgemeinen sollen sich Mitarbeiter im sozialen Web respektvoll gegenüber anderen Nutzern und vor allem gegenüber Wettbewerbern verhalten. Hierzu sind die Regeln, die sog. Netiquette, der Social Media-Anwendungen zu beachten. Zudem ist die Privatsphäre der Kollegen im Social Web zu berücksichtigen, indem beispielsweise das Teilen von privaten Bildern der Kollegen ohne deren Erlaubnis ausdrücklich untersagt wird.

Private Nutzung

Social Media-Richtlinien müssen klare Grenzen zwischen privater und geschäftlicher Nutzung von Social Media-Anwendungen ziehen. Hierzu ist es wichtig festzulegen, ob und in welchem Umfang die private Nutzung von Social Media im Unternehmen erlaubt ist. Aus rein rechtlichen Gesichtspunkten ist eine Genehmigung der privaten Nutzung von Social Media während der Arbeitszeit ausdrücklich erforderlich.

Rechtliches

Datenschutz-, Urheberrechts-, Markenrechts-, Sicherheits- sowie arbeitsrechtliche Aspekte spielen bei der Nutzung von Social Media zu Unternehmenszwecken eine wichtige Rolle. Hierbei ist darauf zu achten, die Mitarbeiter darauf hinzuweisen, inwieweit es für sie rechtlich möglich ist, sich öffentlich kritisch zum Unternehmen zu äußern. Glaubwürdigkeit kann nur erreicht werden, wenn den Mitarbeitern auch Freiheiten gelassen werden

Allgemein sollte man auf eine positive Formulierung achten, da die Guidelines eine Hilfestellung für die Mitarbeiter darstellen und ihnen Sicherheit im Umgang mit Social Media vermitteln sollen, anstatt sie einzuschüchtern. Außerdem sollten sie leicht verständlich formuliert sein um auch weniger internetaffine Mitarbeiter anzusprechen. Für eventuelle Rückfragen sollte auf den Guidelines ein Ansprechpartner (inkl. Kontaktdaten) benannt sein. Dabei kann das Bereitstellen einer FAQ-Sammlung (häufigste Fragen und Antworten) hilfreich sein. Diese spart redaktionellen Aufwand und erhöht zudem die Transparenz.

Eine Vorlage zur Erstellung von Social Media -Richtlinien liefert Eric Schwartzman in seinem Blog. Chris Boudreaux gibt auf seiner Website einen Überblick über bereits bestehende Social Media-Richtlinien[21]. Beispiele für Social Media-Richtlinien aus dem B2B-Bereich bieten z. B. SAP und IBM.[22]

---

21 http://socialmediagovernance.com/policies.php

22 http://laurelpapworth.com/enterprise-list-of-40-social-media-staff-guidelines/

3 Daten schürfen im Social Web

Wissen ist Macht.

(Francis Bacon, Philosoph)

Die Ausbreitung sozialer Netzwerke stellt Führungskräfte und Marketingmanager vor zahlreiche betriebliche Herausforderungen. Bei der enormen Anzahl von Onlineunterhaltungen, die täglich stattfinden, und der Tendenz, dass sich Nachrichten, insbesondere die schlechten, rasant verbreiten, müssen Organisationen ihre Marken- und Produktbegriffe sorgfältig überwachen und sich ständig z. B. folgende Fragen stellen: Wie häufig twittern die Benutzer über unsere Marken und Produkte? Ist der Ton der Tweets positiv oder negativ? Diskutieren die Benutzer unsere Marken und Produkte mit besonderen Schlagworten, die wir bei unserer Suchmaschinenoptimierung berücksichtigen sollten? Wie wirken sich Facebook und andere Netzwerke auf Transaktionen und Traffic auf unserer Website aus? Konvertieren Nutzer, die unsere Apps in sozialen Netzwerken nutzen, schneller und häufiger? Um erste Antworten auf diese Fragen zu erhalten, richten viele Marketingmanager einfache Suchfunktionen wie z. B. Google Alert oder RSS-Feeds ein, wenn ihre Marken- und/oder Produktbegriffe in Unterhaltungen im Internet auftreten. Oftmals werden einfache Analyseberichte angefertigt, die den Umfang des Traffics messen, der über Social Media auf die Website gelangt. Weitaus detailliertere Erkenntnisse über die Wirksamkeit von Social-Media-Kampagnen werden durch professionelles Social Media Monitoring erlangt. Das Monitoring in der Social-Media-Sphäre identifiziert relevante Plattformen, Themen und Meinungsmacher für eine Social-Media-Strategie, kann zur Erfolgskontrolle der Maßnahmen oder ergänzend zur Marktforschung eingesetzt werden. Außerdem kann Social Media Monitoring mit bestehenden CRM-Prozessen und -Systemen verknüpft (Social CRM) und für den Markenschutz und als Krisenmonitoring genutzt werden. Anders ausgedrückt: Onlinemonitoring ist organisationales Zuhören (vgl. Pleil, 2010, S. 16). Neben der Feststellung der allgemeinen Stimmungslage zu bestimmten Schlagworten oder Suchbegriffen im öffentlichen, von Suchmaschinen erreichbaren Teil des Internets, sind innerhalb der geschlossenen Communities noch wesentlich mehr an interessanten Details zu erfahren.

Organisationen tun also gut daran, einerseits die publizierten Konsumentenmeinungen im Rahmen eines Monitorings zu beobachten, andererseits die Dynamik von Social Networks zu nutzen und dadurch Mundpropaganda zu fördern. Marken werden dabei richtigen Usern, den Meinungsmachern und Multiplikatoren etwas zum Klicken und Teilen bieten. Dies können z. B. Bilder, Videoclips, Fanpages, Gruppen oder Profile anderer Nutzer sein. Die Verfasser des Cluetrain-Manifests brachten dies 1999 im Rahmen ihrer 95 Thesen schon mit der ersten These „Märkte sind Gespräche" sehr treffsicher zum Ausdruck (vgl. Levine, R. et al, 2009, S. xiii). Das Marketing hat in Zukunft mehr die Aufgabe des Stimulierens von Gesprächen als die des reinen Sendens von Marketingbotschaften. Unternehmen können heute leistungsstarke Technologien einsetzen, über die sie direkt mit den Kunden interagieren. Sie können umfangreiche Informationen über (Ziel-)Kunden erfassen und nutzen. Diese ermöglichen es ihnen, das Angebot direkt den Anforderungen individuell anzupassen. Die Kunden haben in einem bislang ebenfalls nicht gekannten Umfang die Möglichkeit, mit den Unternehmen oder untereinander zu kommunizieren und die von ihnen genutzten Produkte und Dienstleistungen mitzugestalten. Selbstverständlich nutzen die meisten Unternehmen Customer-Relationship-Management-Systeme und andere Technologien, um Verhalten und Beweggründe ihrer Kunden besser zu verstehen (vgl. Rust, 2010, S. 86-94). Hier haben sowohl Hersteller von Waren oder Dienstleister wie auch der Handel unterschiedliche Möglichkeiten, mit dem Kunden in den Dialog zu treten. Ein Beispiel aus dem Alltag zeigt: Kurz nachdem per Twitter mit einer kleinen Textmitteilung der Unmut über Funktionsmängel eines bestimmten Druckers kommuniziert wurde, fand sich im E-Mail-Posteingang ein Angebot des Onlinehändlers Amazon mit dem Betreff „Sie sind auf der Suche nach Elektronikgeräten?", in dem zahlreiche Offerten zu Druckern zu finden waren. Hatte Amazon in diesem Fall das Echtzeit-Medium Twitter nach den getwitterten Schlagworten durchsucht, dann das Profil des Twitter-Users (Name, Ort) mit dem eigenen Kundenstamm im CRM abgeglichen und zeitnah die Frustration des Kunden genutzt, um ein personalisiertes, bedarfsgerechtes Angebot zu unterbreiten?

Der genannte Fall ist ein Beispiel, wie ein negativer Beitrag bei Twitter (fast) in Echtzeit als Chance zur Verbesserung der Kundenzufriedenheit und des eigenen Umsatzes genutzt werden kann. Die Tatsache, dass Organisationen aktive Öffentlichkeitsarbeit im Sinne eines „community outreach" betreiben, die für positive und kooperative Beziehungen zur Öffentlichkeit sorgen soll, ist keineswegs neu. Doch bevor es das Internet gab, hatten die Unternehmen wesentlich mehr Zeit, um die Aktivitäten interessierter Gruppen systematisch zu beobachten und auf sie zu reagieren. In Social Media müssen Organisationen quasi in Echtzeit mit Fingerspitzengefühl, Authentizität und absoluter Offenheit agieren. Wenn sich Konzerne in den Communities nicht als Mitglied verhalten, sondern als Organisation auftreten und die Augenhöhe verlieren, kann z. B. eine Fanpage auf Facebook schnell zu einer „Hate-Page" werden. Im März 2010 ist Lebensmittelkonzern Nestlé in der öffentlichen Wahrnehmung wegen Fehlverhaltens auf einer bei Facebook betriebenen Fanpage für einen Schokoriegel deutlich negativ aufgefallen. Ursache war der Umgang mit von Fans geposteten kritischen Videos und modifizierten Nestlé-Logos, die im Zusammenhang mit einer Greenpeace-Kampagne zum Thema Regenwald standen. Nachdem Nestlé das Posten von Negativbeiträgen kritisiert hatte und auch Beiträge hatte löschen lassen, begann eine weltweite Diskussion, die Nestlé überwiegend Negativ-PR bescherte. Als Notlösung erfolgten die Löschung aller Beiträge und die Sperrung der Pinnwand der entsprechenden Fanpage. Der Fall zeigt, dass Organisationen mit der Geschwindigkeit, dem offenen Umgang mit Kritik, der Dynamik und Viralität dieser Medien zum Teil noch überfordert sind. Auf der anderen Seite ist die kostengünstige Nutzung der Dynamik und Viralität von Social Media oftmals das erklärte Wunschziel von Marketern. Das Marketing nutzt bereitwillig diese neuen Möglichkeiten der Kundenansprache und wird die Aktivitäten im Social Web weiter verstärken. Bis 2014 sollen bereits fast 13,7% der Budgets anstatt heute 3,5% den neuen „sozialen" Medien zugutekommen. Im Fokus der Budgetumschichtungen der 511 Top-Marketingverantwortlichen liegen demnach vor allem Social Networking (65% der Befragten), Video- und Fotosharing (52%) sowie Blogging (50%), weil sich die Unternehmen davon bessere Markenentwicklung, Neukundengewinnung, Produkteinführung und Kundenbindung sowie tiefergehende Einsichten in die Märkte und damit das Kundenverhalten versprechen (vgl. Absatzwirtschaft Sonderausgabe zum Deutschen Marketing-Tag, 2009, S. 6).

Eine Studie im Rahmen der Next Corporate Communication Konferenz (NextCC) an der Universität St. Gallen stellte im März 2010 folgende Trends fest (vgl. Rossmann, A., 2010, S. 22ff.):

Chancen von Social Media für Unternehmen (Mehrfachnennungen waren möglich): Direkte Kundeninteraktion: 87%; Marktforschung, Integration von Kundenwissen: 32%; Markenbildung, Branding: 26%; Verbesserung der internen Kommunikation, Wissens- und Innovationsmanagement: 24%; Optimierung Kundenservice: 12%.

Nicht erst seit Erfindung des Internet ist die Informationsgewinnung über sein Umfeld, seine Feinde, Freunde, Marktbegleiter (ein eleganteres Wort für „Konkurrenten"), die Kunden der Marktbegleiter, Mitarbeiter usw. ein wichtiger Erfolgsfaktor in der Unternehmensführung. Es ist Aufgabe der Marktforschung Entscheider mit entscheidungsrelevanten Informationen zu versorgen. In aufwändigen Erhebungen, Umfragen, Panels und Blindverkostungen werden dort Informationen zusammengetragen, analysiert und aufbereitet. Ziel ist es u. a. das wertvolle Feedback von Kunden und Mitarbeitern über Produkt- und Servicequalität zu Kennzahlen zu verdichten. Auch wird versucht über die Meinungen und Einstellungen von relativ kleinen („repräsentativen") Gruppen das Erfolgspotential von neuen Produkten vorauszusagen oder Wahlergebnisse vorab möglichst genau vorhersehen zu können.

In der Unternehmenskommunikation analysiert man per „Presse-Clipping", dem ausschneiden und sammeln von Presseartikeln, den Zustand der öffentlichen Meinung über Politiker, Vorstandsvorsitzende, Marken und Prod1ukte. Einerseits ein mühseliges Unterfangen – andererseits war in der analogen Medienwelt auch genug Zeit für die Analyse und die Überlegungen, wie man denn nun dem einen oder anderen Journalisten begegnen soll, der sich kritisch geäußert hat. Der Verbraucher hatte in der Vergangenheit die Möglichkeit sich per Leserbrief an eine Zeitung oder einen Fernsehsender zu wenden, d.h. die mediale Macht des Einzelnen war eher minimal.

Wie im ersten Kapitel dieses Buches beschrieben, hat das Internet, und dort vor allem die so genannten Web 2.0-Mechaniken, Soziale Netzwerke und die intensive Nutzung dieser Medien einen fundamentalen Wandel, manche sprechen von einer Revolution, mit sich gebracht. Der Echtzeitcharakter und die Informationsfülle verlangen nach neuen Technologien und Methoden der Markt- und Meinungsforschung, die die klassischen Methoden um die Erkenntnisse aus dem Internet anzureichern oder, je nach Branche oder Anlass, zu ersetzen. Eine Bundes- oder Landtagswahl ohne Echtzeit-Monitoring der öffentlichen Meinung im Internet ist nicht mehr vorstellbar. Auch bei anderen öffentlichen Veranstaltungen macht der Blick ins Netz Sinn. Doch Social Media Monitoring ist nicht die einzige Datenquelle im Social Web. Im folgenden Abschnitt werden die verschiedenen Datenquellen und Kategorien im Social Web vorgestellt und erläutert.

3.1   Datenquellen und –Kategorien im Social Web

Bei Daten aus dem Social Web kann zwischen folgenden Kategorien unterschieden werden:

- Content Analyse (Social Media Monitoring)
- Channel und App-Statistiken
- Channel Insights (Facebook Insights, Youtube Analytics, LinkedIn Analytics etc.)
- Facebook Nutzerdaten-Analyse

Die unterschiedlichen Kategorien und deren Datenquellen lassen die Komplexität der Sachlage erahnen. Technisch gesehen ist es mehr oder weniger einfach an Messwerte hinsichtlich Fan- und Followerzahlen, Reichweiten, Traffic, Clicks oder Interaktionsraten heranzukommen. Es ist jedoch davon abzuraten, die von den einzelnen Plattformen oder Tools bereitgestellten Kennzahlen ohne vorherige Prüfung auf Relevanz hinsichtlich der eigenen Strategieziele zu verwenden, da sonst schnell die Strategie dem verwendeten Software-Tool angepasst wird. Mehr hierzu im weiteren Verlauf dieses Buches.

Abbildung 12 zeigt die unterschiedlichen Datenquellen und Extraktionsverfahren von strukturierten und unstrukturierten Daten aus dem Social Web.

Durch die strategische Nutzung von Daten aus dem Social Web ergibt sich ein grosser Wissensvorsprung. Sei es durch die Analyse von frei verfügbaren Inhalten durch Social Media Monitoring oder durch die Analyse von frei verfügbaren Domain und App-Nutzerstatistiken. Ergänzt um die Kennzahlen der eigenen Social Media Kanäle (Channel Insights & Analytics) oder die detaillierte Auswertung von Nutzerdaten eigener Facebook Apps lassen sich fundierte Entscheidungen treffen.

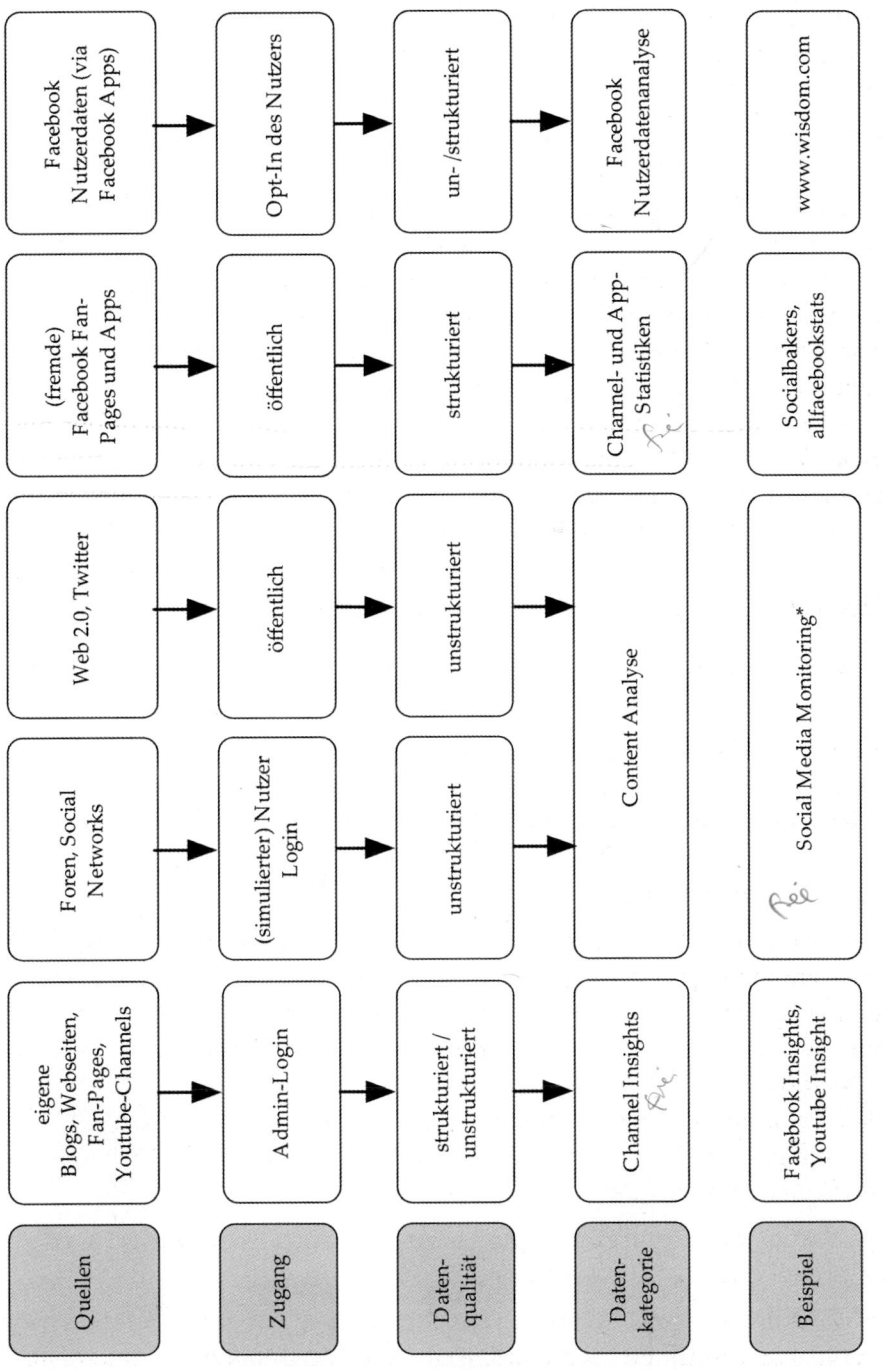

Abbildung 12:   **Kategorisierung von Datenquellen im Social Web**

Frei nach dem Gedanken des *„Competing on Analytics"* (Davenport, 2007) ist es Fakt, dass Organisationen durch die Qualität und Aktualität der ihr zur Verfügung stehenden Informationen klare Wettbewerbsvorteile erlangen. Wie die unterschiedlichen Quellen und Extraktionsverfahren zur Datenanalyse helfen können aus dem Daten-Dschungel wertvolle Erkenntnisse zu gewinnen soll Ihnen dieses Kapitel aufzeigen.

3.2   Content Analyse: Social Media-Monitoring

Untersuchungen zeigen, dass 90% der Internet-Nutzer sich vor einer Kaufentscheidung im Internet informieren. Die Empfehlungen und Meinungen anderer Konsumenten spielen bei der Kaufentscheidung eine absolute Schlüsselrolle. Ähnlich wie in der analogen Welt, wenn wir uns im Bekanntenkreis umhören und Fragen stellen wie „Welche Erfahrungen hast Du mit deinem Auto, Mobiltelefon, Fernsehgerät usw. gemacht? Kannst Du mir das empfehlen?" werden im Internet über Produktbewertungen, Kommentare in einschlägigen Foren und Blogs und im Freundeskreis (Peer-Group) Kaufentscheidungen gefällt, subjektive Eindrücke geteilt, Meinungen geäußert, Wahrheiten und Unwahrheiten verbreitet und Gerüchte gestreut. Organisationen stehen vor der Herausforderung diese Konversationen aufzuspüren und zuzuhören.

Dies gelingt durch Social Media Monitoring-Technologien, die Ihren Ursprung im sogenannten Webmonitoring haben. Die Anzahl und Kategorien von Social Media Monitoring-Diensten sind genauso vielzählig wie ihre Anwendungsmöglichkeiten, daher ist es unbedingt ratsam, vor Evaluation oder Anschaffung eines Tools folgende Fragen zu klären:

-   Welche Ziele und welche Strategie verfolge ich im Social Web?
-   Welche Fragestellung möchte ich beantwortet haben?

3.2.1   Ursprünge des Social Media Monitorings

Die Beobachtung von Online-Meinungs- und Stimmungsbildern in Internet-Foren und auf Webseiten bezeichnet man ursprünglich als Webmonitoring. Der Siegeszug der Sozialen Medien in Form von Blogs, Social Networks und die Explosion der Nutzerzahlen in diesen Bereichen hat eine Erweiterung des Monitorings auf eben diese Kanäle notwendig gemacht. Durch die Erweiterung um die beobachteten Quellen im Social Web spricht man dadurch heute von Social Media Monitoring. Ebenfalls hat sich das Performance-Marketing auf die Advertising-Möglichkeiten im Social Web gestürzt – und sprach man bisher hier vom Monitoring der Performance von Online-Anzeigenkampagnen so hat auch diese Branche jetzt den Begriff Social Media Monitoring für sich entdeckt (wobei *Social Media Advertising Performance Measurement-Plattform* treffender, wenn auch ein wenig umständlich wäre). Ebenso die Marktforschung, die selbst erhobene Daten, gegebenenfalls angereichert um externe Marktdaten aus dem Web bisher als Online-Marktforschung betrieb, bietet nun Social Media-Marketing an.

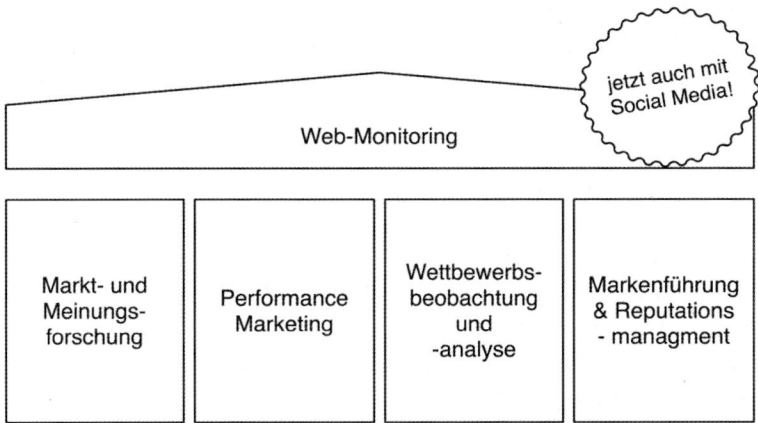

Abbildung 13:   Social Media Monitoring – jetzt alles unter einem Dach?

Das Social Web bietet durch die Beobachtung von Communities, Bewertungs-portalen und Blogs neue Chancen und stellt Organisationen zur gleichen Zeit vor bisher unbekannte Herausforderungen. Auf der einen Seite stellt sich die Frage, wie mit der neuen, offenen und partizipativen Kommunikationsform innerhalb der Organisation umgegangen werden soll, andererseits erfordern die Masse und die Komplexität der erhebbaren Daten im Social Web neue technologische und me-thodische Ansätze. Nur so ist es möglich die millionenfachen Beiträge, Wahrneh-mungen, Meinungen und Diskussionen von Konsumenten, Kritikern, „Fans" und Experten für das Marketing, die Produktentwicklung, den Vertrieb oder die Un-ternehmenskommunikation erfolgreich einzusetzen. Social Media Monitoring ist auch ein Schlüssel zur Risikominimierung innerhalb Social Media. Die Risiken von Social Media sind laut einer aktuellen Studie der Universität St. Gallen aus Sicht von Unternehmen wie folgt verteilt (Mehrfachnennungen waren möglich): man-gelnde Feedbackverarbeitung: 82%; Kontrollverlust: 64%; dysfunktionales Kom-munikationsverhalten: 58%; Verstärkung negativer Informationen: 49%; interne Konflikte: 20% (vgl. Universität St. Gallen, 2010, S. 22ff.). Grundsätzlich empfiehlt es sich also, soziale Medien nach Beiträgen zum eigenen Unternehmen sowie de-nen der Marktbegleiter, zu Produkten und Services zu durchforsten. In Blogs ma-chen Konsumenten ihrem Ärger Luft, schimpfen über falsche Produktverspre-chungen, beschweren sich über schlechten Service u.v.m. Ein Unternehmen, das in einem solchen Fall nicht oder zu spät reagiert, weil es die Kritik nicht wahrnimmt, riskiert die epidemische Ausbreitung negativer Mundpropaganda. Grundsätzlich kann man das Monitoring von Social Media durch interne Ressourcen abdecken, dies bringt aber einen nicht unerheblichen technischen wie auch personellen Auf-wand mit sich, oder aber man lagert die Beobachtung an einen Dienstleister aus. Der Erkenntnisgewinn eines solchen Monitorings erstreckt sich auf unterschied-lichste Bereiche wie z. B. Kunden, Angestellte, Marktbegleiter, Geschäftspartner und die Marke an sich. Bei sämtlichen Konversationen im öffentlichen Bereich des Internets, sei es über den Geschäftsverlauf, das Marketing, Kampagnen oder einzelne Produkte, kann mitgehört werden. Ein firmenintern organisiertes, gegebenenfalls mit frei verfügbaren Open Source Tools durchgeführtes Monitoring empfiehlt sich, wenn eine begrenzte Anzahl an Weblogs oder anderen Plattformen überwacht werden soll. Dies kann z. B. mittels Aggregatoren wie Netvibes[23] und mit Hilfe von Diensten wie Google Alert[24] per Email oder RSS Feeds „abonniert" werden, sodass die Organisation immer alle aktuellen Beiträge der relevanten Weblogs verfügbar hat. Bei einem Monitoring der gesamten, öffentlich zugänglichen Social-Mediasphere ist es angesichts des großen Aufwands sinnvoll, die Beobachtung auszulagern. Gesucht wird hier systematisch nach entsprechend dem Monitoringzweck definierten Schlagworten. Diese können sein: Organisationsname, eigene Produkte, Werbekampagnen oder auch Personennamen. Auf diese Art können kritische und für die Organisation potenziell heikle Beiträge frühzeitig identifiziert werden. Durch eine schnelle, offene Reaktion auf kritische Beiträge kann eine Organisation nicht nur größeren Schaden abwenden, sondern z. B. nach einer Produktanpassung auch die eigene Marktposition stärken. Mit Hilfe des Monitorings der Social-Mediasphäre ist es Organisationen möglich, auf sie bezogene Informationen aus Beiträgen (Weblog-Einträge, Kommentare etc.) zu nutzen, um auf Kundenwünsche einzugehen und auf angesprochene Probleme schnell zu reagieren. Das Social Media Monitoring stellte eine Art unverfälschte und originäre Marktforschung (fast) in Echtzeit dar. Typische Anwendungsfelder für Social Media Monitoring sind: Reputationsmanagement, Issue Management, Wettbewerbsbeobachtung, Marktforschung, Marketing, Kampagnenmanagement, Public Relations, politische Kommunikation, Innovations- und Trendmanagement. Social Media Monitoring hört den Kunden dort zu, wo sie sich aufhalten: im Netz. Eine Organisation, die dort nicht zuhört, versäumt Chancen auf Beratung, Dialog und Verkauf. Der Erkenntnisgewinn zeigt einer Organisation, welche Kanäle (potenzielle) Kunden nutzen, wo sich Interaktion lohnt, wie Unternehmen, Image und Produkte bewertet werden. Wo sehen Konsumenten Probleme? Was wird als Stärke und was wird als Schwäche gewertet? Wie sind die Mitbewerber positioniert und was beschäftigt die Verbraucher im Kontext der Waren und Dienstleistungen? Antworten auf diese Fragen kann Social Media Monitoring liefern.

3.3   Der Social Media Monitoring-Prozess

Der Social Media Monitoring Prozess beginnt mit der Definition des Quellensets. In diesem wird festgelegt, aus welchen Quellen im Internet die Daten erhoben werden. Dazu ist es sinnvoll eine genaue Informationen hinsichtlich des jeweiligen

---

23 www.netvibes.com

24 www.google.com/alert

Quellensets bei den angefragten Monitoringanbietern einzuholen. So kann es z. B. für B2B Unternehmen oft sinnvoll sein bestimmte Foren ins Quellenset aufnehmen zu lassen um die gewünschte Zielgruppe monitoren zu können. Die Informationen aus diesen Quellen werden mittels offener Programmierschnittstellen (Application Programming Interfaces, kurz APIs) in das Measurement Framework eingespeist. Dabei werden verschiedene Dateiformate (CSV, plain Text, XML) extrahiert und durch den ETL-Prozess [Datenerhebung (Extraction), Datenaufbereitung (Transformation und Loading)] in einem, meist in der Cloud gehosteten, Datawarehouse abgespeichert. Im ETL-Prozess werden die Daten in ein vorher festgelegtes Datenmodell übertragen. In diesem Zustand stehen die erfassten Daten zu Analysezwecken zur Verfügung. Die in der Analyse erlangten Erkenntnisse fliessen in das Reporting ein. Zur weitergehenden Verwendung stehen die Daten idealeerweise auch z. B. CRM-Systemen zur Verfügung. Die folgende Graphik veranschaulicht den Social Media Monitoring-Prozess.

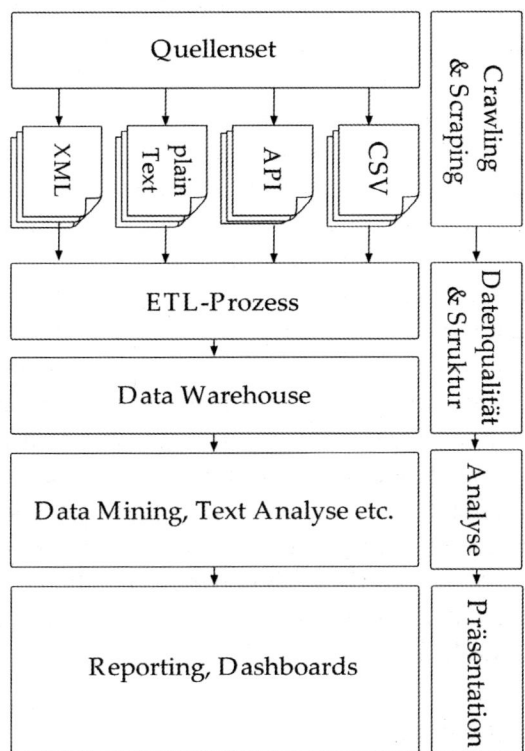

Abbildung 14:   **Social Media Monitoring Prozess**

3.3.1   Extraktion

In der Phase der Extraktion, also der Datenerfassung aus dem Netz, ist es notwendig, alle Informationen die im Internet zum gesuchten Themenfeld, sei es eine Marke, ein Produkt oder eine Person, zu finden und zu speichern – unabhängig vom Medienkanal und Dateiformat. Hierbei ist es wichtig, dass die Extraktion tiefer geht als die bereits bekannten Quellen, die so genannten Robots und Crawler der Suchmaschinen identifizieren und erfassen. Dieser Bereich der Foren oder Micro-Communities sind häufig Orte, an denen sich anfänglich kleine Diskussionen zu einem Thema oder einer Organisation zu einem ernst zu nehmenden Issue oder einem vielversprechendem Trend entwickeln. Um beim Social Media Monitoring qualitativ brauchbare Ergebnisse zu erzielen, ist vor der Datenerhebung eine gründliche Vorbereitung notwendig. Die Festlegung der richtigen Suchbegriffe in Form von Schlagworten (Keywords), die Definition von Ausschlusskriterien (z. B. irrelevante Domains) und Listen mit irrelevanten Schlagworten (Blacklisting) ist nach der Identifikation der Quellen der nächste Schritt. Anhand dieser Schlagworte, die auch als Keywords bezweichnet werden werden sogenannte Search-Strings entwickelt. Dazu werden die Keywords mit booleschen Operatoren verknüpft. Nach der Sichtung der ersten Ergebnisse empfiehlt sich eine iterative Feinjustierung der Keyword-Kombinationen, so dass man auch nur die Inhalte erhebt, die es später zu analysieren gilt.

3.3.2 Datenaufbereitung

Bei der Datenaufbereitung ist es zunächst nötig, die aufgespürten und gesammelten Beiträge von irrelevanten Quellen und Dokumenten wie Spam oder Dubletten zu bereinigen. Dies kann zum einen manuell durch Analysten per „Klickwork", andererseits automatisiert durch entsprechende Softwaretools geschehen. Optimalerweise erfolgt eine Aufbereitung der Daten schon während des Extraktionsprozesses, damit Bandbreiten, Datenbanken- und Prozessorkapazitäten und damit Zugriffszeiten bei der Analyse und im Reporting nicht unnötig strapaziert werden. Die Anwendung von Filtern und Blacklists bei der Datenaufbereitung und die sorgfältige Auswahl der richtigen Schlagworte und Suchbegriffe bei der Datenerhebung tragen maßgeblich zum Erfolg bei. Daneben werden bei der Datenaufbereitung die Metadaten der Dokumente (z. B. Autorenname oder Erscheinungsdatum) extrahiert, gespeichert und mit Tags (deutsch: Schlagworte) versehen. Dadurch wird die anschließende Datenanalyse vereinfacht und beschleunigt. Die Archivierung sollte in einer komplexen, multidimensionalen Datenbank stattfinden, damit die Analyse in jeglicher Breite und Tiefe durchgeführt werden kann. Um Textmining anwenden zu können, ist darauf zu achten, dass alle Dokumente textbasiert abgespeichert werden.

3.3.3 Analyse

Die Analyse schafft aus den gesammelten Daten den erhofften Erkenntnisgewinn. Eine wichtige Analyse ist z. B. die Identifikation von Gatekeepern, Meinungsführern (Opinion Leaders), Beeinflussern (Influencers) und Multiplikatoren. Dadurch wird ermittelt welche Autoren im Netz „etwas zu sagen haben" bzw. wem die meisten Menschen zuhören. Relevanzanalysen von Quellen zeigen auf, welcher

Blog, welche Webseite oder welches Forum für das jeweilige Themengebiet relevant in punkto Reichweite und vor allem Einflussreichtum haben. Möchte man wissen welchen Anteil am Gesamtkommunikationsvolumen eine bestimmte Marke, Person oder ein bestimmter Sachverhalt hat, macht man eine sog. „Share of Voice" oder auch „Buzz"-Analyse. Eine weitere, typische Analyseform im Social Media Monitoring ist die Bewertung der Tonalität in den jeweiligen Beiträgen (engl.: Sentiment), also ob ein Begriff eher positiv, neutral oder negativ behaftet ist. In Trendanalysen wird ermittelt, welche Entwicklungen ein Themengebiet durchläuft und ob sich vielleicht ein „Orkan zusammenbraut" – also ein wichtiger Seismograph.

Da die Datenmenge je nach Untersuchungsgegenstand schnell sehr groß werden kann, wird versucht per Textmining eine automatisierte semantische Analyse und Bewertung der Beiträge zu erreichen. Durch die Sichtbarmachung von Zusammenhängen durch grafische Aufbereitungsverfahren können Muster erkannt und Zusammenhänge zwischen Begriffen und Themen aufgezeigt werden.

Die Verifikation der durch automatisierte Verfahren vorgenommenen Sentiment-Analysten, d.h. die Untersuchung, ob ein Beitrag eine positive, neutrale oder negative Stimmung hat, muss meist noch manuell vorgenommen werden. Noch ist die Technologie nicht in der Lage sprachliche Nuancen, Ironie, Dialekte u. ä. Feinheiten in jeder Sprache, Branche und in jedem Dialekt treffsicher zu bewerten. So kommt es, dass bei vielen Dienstleistern auf bestimmte Kunden oder Marktsegmente spezialisierte Mitarbeiter angesetzt sind, die durch manuelle „Klickwork" die Qualität in der Tonalitätsanalyse sicherstellen. Diese manuelle Nacharbeit ist auf jeden Fall notwendig, da ansonsten falsch bewertete Daten verarbeitet werden und mit sehr hoher Wahrscheinlichkeit falsche Erkenntnisse erlangt werden die wiederum in falsche Entscheidungen fließen (Junk in = Junk out).

3.3.4 Reporting und Integration von Monitoring-Ergebnissen in andere Systeme

Die Ergebnispräsentation (Reporting) dient der Aufbereitung der Analyseergebnisse in entscheidungsrelevanter Form. Hierbei ist es wichtig die Informationen zeitnah und aktuell auf dem richtigen Weg in der richtigen Sprache dem Empfänger bedarfsgerecht zur Verfügung zu stellen. Üblich ist eine webbasierte Reportingoberfläche mit sogenannten Dashboards und Cockpits. Ein Reporting ist bei vielen Anbietern auch direkt auf mobile Endgeräte (z. B. BlackBerry, Android, iPhone, iPad u.v.m.) möglich, so dass der Entscheider zu jeder Zeit und von jedem Ort aus Zugriff auf die relevanten Daten hat. Vom Dashboard aus ist es dem Entscheider möglich direkt in einzelne Informationsbereiche hineinzuklicken (Drilldown), um sich die Daten im Detail, d.h. bis hin zum einzelnen Tweet oder Kommentar, anzusehen. Der Nutzer sollte vom Dashboard aus auch die Möglichkeit haben, eigene Sichten und Perspektiven ins Reporting einfließen zu lassen und sich so eigene, anwendungsbezogene Dashboards bauen zu können.

3.3.5   Social Media Monitoring als Kennzahlenlieferant

Die regelmäßige, automatisierte und zuverlässige Bereitstellung von Indikatoren und belastbaren Messwerten sind als fundamentale Aufgaben des Social Media Monitoring zu sehen. Kein Controlling, keine Leistungsmessung (Performance Measurement) lässt sich ohne belastbare Zahlen durchführen. Wogegen in den Bereichen E-Commerce bzw. bei der Performance-Messung von Advertising-Kampagnen die Ursache-Wirkungskette (Conversion-Rate, Warenkorbgröße u. ä.) vordergründig leicht zu ermitteln ist, ist die Erfolgsmessung im Social Media-Marketing vielschichtiger, individueller und je nach Zielen und strategischer Vorgehensweise höchst individuell vorzunehmen.

Betrachtet man die Analysemöglichkeiten des Social Media Monitoring, sind folgende Kennzahlen als relevant anzusehen:

- Ranking (z. B. Top 10) von Gatekeepern
- Relevanz-Index von Quellen Beiträgen
- Sentiment Analyse (%positiver, % neutraler, % negativer Beiträge)
- Share of Voice in %
- Trend-Charts

3.3.6   Zwischenfazit Social Media-Monitoring

Zusammenfassend sind folgende Anforderungen bei der Auswahl von Social Media Monitoring-Lösungen zu beachten: zentrale und umfassende Verwaltung von Keywords mit Kategorisierungsmöglichkeiten nach eigenen Marken- und Produktbegriffen sowie denen der Marktbegleiter und sonstigen relevanten Suchbegriffen, Differenzierung nach Sprachen und Ländern, ganzheitliche Erfassung aller im Internet öffentlich verfügbaren Quellen inklusive Tweets, ausführliche Reporting- und Filtermöglichkeiten (Mentions, Reach, Share of Voice usw.), Stimmungsanalysen (Sentiment), demografische Informationen, Identifikation von Multiplikatoren und Beeinflussern (Influencer) und wichtigen Quellen (Relevanz) und Trends, Vorhaltung von historischen Daten für nachträgliche Analysen, Schnittstellen zur Integration in bestehende Workflows, Möglichkeiten zur Interaktion wie z. B. Twittern direkt aus dem Tool heraus oder E-Mail-Benachrichtigungsfunktion (Alerting) für das Krisenmonitoring.

3.4   Einsatzgebiete des Social Media Monitoring

3.4.1   Social Media Monitoring in Marketing und Produktmanagement

3.4.1.1 Brand Communication

Mit Hilfe von Social Media Monitoring können Marketing-Manager Rückschlüsse über den Zustand und zum Image ihrer Marke im Social Web gewinnen und da-

rauf aufbauend Handlungsempfehlungen aussprechen oder entsprechende Maßnahmen einleiten.

3.4.1.2 Trend- und Innovationsmanagement

Schnellere Innovationsprozesse und kürzere Time-to-Market Zeiten sind im Wettbewerb immer wichtiger. Dies bedeutet, dass die Produktentwicklung und Markt-
einführungszyklen immer kürzer werden, sowie Erfahrungswerte und Kunden-
feedback immer schneller berücksichtigt werden müssen. Voraussetzung hierfür
ist ein erfolgreiches Innovationsmanagement. Dieses bedingt wiederum eine
schnelle und verlässliche Beurteilung der Wettbewerbsbedingungen, der technolo-
gischen und gesellschaftlichen oder politischen Trends sowie der Entwicklung der
Kundenerwartungen und -präferenzen. Mithilfe eines professionellen Monitorings
gelangen Unternehmen heute effizienter und schneller an dieses Wissen als es
früher möglich war.

3.4.1.3 Markt- und Meinungsforschung

Assoziationen mit der Marke analysieren: durch das Monitoring der Marke im
Social Web können entfernte Assoziationen mit der Marke in verschiedenen neuen
Bereichen, wie beispielsweise Lifestyle, demografischen Gruppen oder Kulturen
entdeckt werden. Ein Unternehmen kann durch die Analyse sozialer Netzwerke
die allgemeine Stimmungslage unter Konsumenten herausfinden:

- Wo wird über uns gesprochen?
- Welche Wörter werden am häufigsten mit unserer Marke/Produkt in Verbin-
  dung gebracht?
- Wer zählt zu den Befürwortern der Marke?

3.4.1.4 Multiplikatoren Identifizieren

Auf Social-Media-Plattformen können Multiplikatoren einen großen Einfluss haben. Diesen erlangen sie über die Häufigkeit ihrer Äußerungen zu einem Thema,
der Anzahl von Menschen, die einen Kommentar verfassen, und darüber, wie aktiv sich die Besucher mit diesem Post auseinander setzen. Die Fans und Follower
eines Meinungsmachers (Influencer) kann dabei helfen, Meinungen zu einer Marke
schneller zu verbreiten und dadurch eine größere Wirkung erzielen – im Positiven
wie im Negativen. Ein Unternehmen sollte daher wissen, wer diese Meinungsmacher sind und wie sie zum Unternehmen, zur Marke bzw. zum Produkt stehen.
Darüber hinaus ist es für ein Unternehmen sinnvoll, mit den sogenannten
„Influencern" in Kontakt zu treten. Durch den Austausch lernen solche Multiplikatoren ein Unternehmen oder eine Marke besser kennen. Ein positiver Kontakt mit
den Meinungsführern kann langfristig zu einer positiven Wahrnehmung in der
Zielgruppen-Community führen. ACHTUNG: Auf eine gezielte Einflussnahme auf
Influencer sollte tunlichst verzichtet werden, denn das kann schnell das Gegenteil
bewirken.

3.4.1.5 Wettbewerbsanalyse (Competitive Intelligence)

Die Wettbewerbsanalyse (engl.: Competitive-Intelligence, kurz: CI) ist eine systematische, kontinuierliche legale Sammlung und Auswertung von Informationen rund um Marktbegleiter, Konkurrenzprodukte, Branchen und deren Marktentwicklung, Patentanmeldungen, neue Technologien und Kundenerwartungen. Von den Erkenntnissen, die durch die CI erlangt werden, können wiederum strategische Entscheidungen abgeleitet werden bzgl. der eigenen Produktentwicklung, strategischen Akquisitionen, dem Marketing uvm.

Beobachtet ein Unternehmen die eigene Branche sowie relevante Keywords, werden neue Wettbewerber frühzeitig entdeckt. Hier kann die Firma mit potentiellen Kunden in Kontakt treten, welche die Produkte eines Mitbewerbers ausprobieren oder mit einem Produkt bzw. einer Dienstleistung eines anderen Anbieters unzufrieden sind. Darüber hinaus können folgende Fragestellungen beantwortet werden:

- Wer sind die Befürworter konkurrierender Marken?
- Was sind die aktuellen Diskussionsthemen über unsere Marktbegleiter?

3.4.2 Social Media Monitoring in Vertrieb und Customer Care

3.4.2.6 Lead- Umsatz- und Absatzgenerierung im E-Commerce

Bei der Analyse der Ergebnisse von Social Media Monitoring findet man zahllose potentielle Kunden, seien es Menschen die mit dem Produkt der Konkurrenz unzufrieden sind und Wechselbereitschaft andeuten oder Menschen, die einfach auf der Suche nach Hilfe sind („...kennt jemand ein gutes Hotel in XY?..."). Sowohl im Vertrieb wie auch im Kundendienst eröffnen sich hier nahtlose Informationslandschaften, die Organisationen frühzeitig Bedarfe erkennen lassen und es ihnen ermöglichen proaktiv, bedarfsgerecht und punktgenau mit dem Kunden in Kontakt zu treten. Als wichtiges Einsatzgebiet ist die Integration von potentiellen Leads aus dem Sozialen Netz in bestehende CRM-Systeme zu nennen.

3.4.2.7 Customer Relationship Management und Customer Care

Ein zunehmend wichtigeres Merkmal ist die Integration von Daten aus Monitoringsystemen in CRM- und/oder Support-Systeme. Ein typisches Beispiel ist die Integration von Twitter-Meldungen in ein Ticket-System eines Help-Desks. Hierbei werden Tweets zu bestimmten Schlagworten bzw. Twitter-Accounts herausgefiltert, nach Themen (techn. Probleme, vertragliche Fragen, produktbezogen usw.) sortiert und per Email in ein Ticket-System importiert. Die Helpdesk-Mitarbeiter können aus dem System direkt via Twitter mit dem Kunden das Problem adressieren (Nachvollziehbarkeit) und, sobald Vertragsdaten, Telefonnummern o.ä. ausgetauscht werden müssen, auf die „klassischen" Support-Kanäle wie Telefon oder Email zurückgreifen (bestehende Prozesse.)

3.4.3 Social Media Monitoring in der Unternehmenskommunikation

3.4.3.8 Reputations- und Issue-Management

Durch Social Media-Monitoring lässt sich fast in Echtzeit das aktuelle Stimmungs-bild zu einer Marke, einer Person oder Sachlage ermitteln. Dadurch hat das Repu-tationsmanagement einen Seismographen im Web und ist frühzeitig über unange-nehme Entwicklungen informiert, kann Gegenmaßnahmen einleiten und kommunikative Prävention betreiben. Potentiell imageschädigende Inhalte werden aufgespürt und nach Ihrer Relevanz bewertet, so dass entsprechend maßvoll und verhältnismäßig gehandelt wird. Im Web finden sich oftmals die Themen, die übermorgen in der Zeitung stehen – diese rechtzeitig zu identifizieren ist eine Kernkompetenz von professionellem Social Media Monitoring.

Issue-Management: Manche Internetnutzer verbreiten möglicherweise unbeab-sichtigt Gerüchte, Missverständnisse oder Falschinformationen über ein Unter-nehmen, einer Marke oder eine Person des öffentlichen Interesses. Indem Beiträge und Kommentare genau verfolgt werden, können potentielle Fehlinformationen früh erkannt werden. Durch frühzeitige Richtigstellung kann Fehlentwicklungen rechtzeitig begegnet werden.

3.4.3.9 Rechtsverletzungen Aufspüren

Marken- und andere Rechtsverletzungen sind (nicht nur im Internet) Alltag. Schließt das Social Media Monitoring auch Bildinhalte mit ein, hilft es beim Auf-spüren von z. B. Logo- und Abbildungsmissbrauch und anderen Vertragsverstö-ßen auf. Die Eskalationsstufen- und Prozesse müssen hierbei klar geregelt sein, damit schnell und effektiv reagiert werden kann. Wer mit der Onlinecommunity über das Löschen und Verändern von Inhalten verhandelt, muss über die entspre-chende Kommunikationserfahrung auch außerhalb juristischer Handlungsoptio-nen verfügen, denn einige Unternehmen haben mit ihrem offensivem rechtlichem Vorgehen gegenüber Bloggern ihrer Reputation mehr geschadet, als die eigentliche Urheberrechtsverletzung oder der Verstoß gegen die Marke selbst.

Verwendet ein Blog oder eine Webseite z. B. urheberrechtlich geschützte Inhalte, muss das Unternehmen umgehend entscheiden, wie es auf diese Probleme eingeht und gegebenenfalls durch Kontakt mit den Zuwiderhandelnden eine rasche und einvernehmliche Lösung findet.

3.4.4 Social Media Monitoring im Recruiting (HR)

Das Social Web und seine Business-Netzwerke wie z. B. LinkedIn, XING oder Viadeo haben Teile der Headhunter- und Personalberaterbranche obsolet gemacht bzw. zu einer beispiellosen Transparenz bzgl. Talenten, Skills und Referenzen ge-führt. In der Vergangenheit waren die (mehr oder weniger) gut gepflegten Daten-banken der großen Personalvermittler deren Key-Asset, so ist heute der Personal-markt mit einer Profi- bzw. Recruiting-Mitgliedschaft bei z. B. XING schneller und transparenter denn je. Zunächst sind die Stellenanzeigen aus den Printmagazinen in die großen Job-Portale gewandert – heutzutage wird von den Recruitern in professionellen Social Networks aktiv auf potentielle Kandidaten zugegangen und (zumindest in der ITK, Multimedia- und E-Business Bereich) ist ein Absolvent („Young Professional") oder ein Spezialist mit Berufserfahrung, der kein aktuelles Profil in dem für ihn relevanten Netzwerk hat, auf dem Arbeitsmarkt nicht existent.

3.5   Kategorisierung Social Media Monitoring Anbieter

Social Media Monitoring-Anbieter lassen sich grob in drei Gruppen einteilen: Technologieanbieter, Monitoring-Dienstleister sowie Rundum-Lösungsanbieter, die die Analyse und Beratung hinsichtlich des Umgangs mit den Monitoring-Ergebnissen gleich mit übernehmen. Hierbei ist festzustellen, dass viele Anbieter aus Ihrer originären Herkunft gewisse Schwerpunkte mitbringen. Ein Spezialanbieter, der sich selbst fest in der Marktforschung verwurzelt ansieht versteht nicht notwendigerweise viel von Customer-Care Prozessen und Issue-Management. Andererseits ist ein Anbieter, der sich auf Kampagnenmonitoring von Social Ads spezialisiert hat nicht der ideale Anbieter für den Bereich Markt- und Meinungsforschung. Ebenso ist eine (Online-) Agentur, die auf einmal auch Social Media Monitoring anbietet und nicht offenlegt, mit welchem Technologieanbieter bzw. Datenlieferant sie kooperiert nicht erste Wahl. Anbieter, die Versprechen abgeben wie „wir haben eine Technologie, die in 100 Sprachen eine automatisiert Tonalitätserkennung von 85% ermöglicht" sind auch nicht wirklich ernst zu nehmen.

Begibt man sich also in den Dschungel der Social Media Monitoring-Anbieter und versucht unter den inzwischen mehr als 200 Anbietern (kostenfreie und professionelle Lösungen zusammengerechnet, siehe „A Wiki of Social Media Monitoring Solutions"[25]) den Richtigen zu finden so ist zuvor eine klare Zielsetzung und Abgrenzung der Erwartungshaltung vorzunehmen.

Social Media Monitoring-Technologieanbieter

Die Technologieanbieter sehen sich rein als Anbieter von Monitoring-Technologien, d.h. sie stellen eine Software-Plattform zur Verfügung, bei der der Kunde üblicherweise selbst die Quellenauswahl vornimmt, Keywords und Suchbegriffe definiert und verfeinert, Ergebnisse (Tonalität) selbst manuell qualitätssichert und sich aus den Reporting-Templates einige für ihn passende aussucht. Eine weitergehende Betreuung findet in der Regel nicht statt, d.h. die Einarbeitungszeit und der personelle Aufwand sind recht hoch, denn hier ist Kompetenzaufbau gefragt. Kunden von Technologieanbietern sind daher auch eher selten einzelne Unternehmen sondern eher Agenturen oder Dienstleister der nächsten Kategorie.

---

25 http://wiki.kenburbary.com/

Social Media Monitoring-Dienstleister

Es ist erstaunlich zu sehen, wie wenige Social Media Monitoring-Dienstleister über eigene Technologien zum Einsammeln von Daten aus dem Web verfügen. Vielmehr übernehmen Sie Daten von anderen Technologieanbietern, kümmern sich vorab im Kundenauftrag um die Quellenauswahl, setzen die Monitoring-Kategorien mit den Kunden anhand gemeinsam definierter Suchbegriffe auf, kümmern sich um die Datenqualität und versorgen den Auftraggeber mit monatlichen Powerpoint-Präsentationen bzgl. der Untersuchungsgegenstände. Zusätzlich bekommen die Auftraggeber per Browser meist Zugang zu einem Portal, in dem in Nah-Echtzeit (Social Media Newsroom), täglich oder wöchentlich (je nach Kommunikationsaufkommen) direkt in einem Dashboard den aktuellen Stand hinsichtlich der Standard-Kennziffern wie Sentiment, Share-of-Voice, Trends usw. informiert werden. Oftmals sind Auftraggeber mit der Vielzahl der Informationen überfordert bzw. wissen nicht was sie tun sollen, wenn es brennt. Die weitergehende Analyse und die damit oft einhergehende Beratung übernehmen die Anbieter der nächsten Kategorie.

Die Social Media Monitoring - „rundum glücklich" Dienstleister

Geht es um spezielle Marktforschungsanalysen, strategische Beratung oder Online-Marketing-Knowhow kommen spezialisierte Anbieter zum Einsatz. Dies können global tätige Media-Agenturen sein, hochspezialisierte Markt- und Meinungsforscher oder Anbieter, die aus den Business Intelligence Bereich stammen. Anbieter dieser Kategorie, die alle Kernprozesse des Social Media Monitorings aus einer Hand anbieten gibt es nur sehr wenige. Meist stammen sie aus dem Web Monitoring-Umfeld, d.h. sie beschäftigen sich mit der Informationsgewinnung aus dem Internet nicht erst seit der Hype rund um die Begriffe Web 2.0 und Social Media ausgebrochen ist.

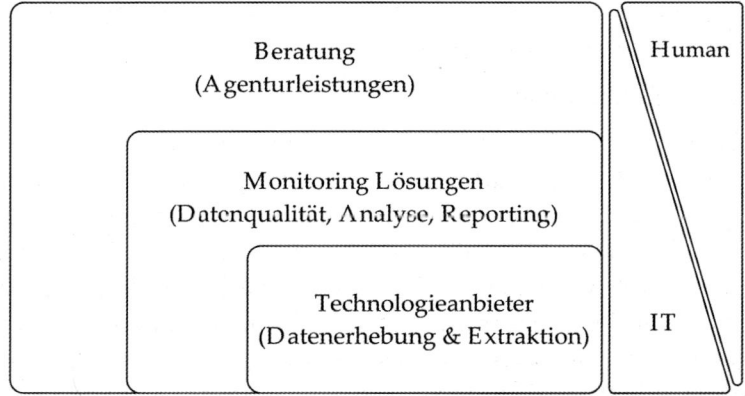

Abbildung 15:   Kategorisierungsansatz Monitoring-Anbieter

Aus Nachfrager-Sicht kann eine Kategorisierung auch danach erfolgen, welches Ziel, d.h. welche Fragestellung der Monitoring-Anbieter beantworten soll. Die

Einrichtung eines Social Media Newsrooms oder eines Reputations-Managements ist eine gänzlich andere Aufgabenstellung als ein Social Media Brand Audit oder ein Marktforschungsauftrag, der nur eine Momentaufnahme bzw. einen kurzen Zeitraum betrachtet. Wiederum eine andere Aufgabenstellung ist das kontinuierliche Performance Measurement von Social Media Kampagnen oder die Integration von Social Media Monitoring in ein CRM-System.

Abbildung 16:   Kategorisierung Monitoring aus Nachfragersicht

Empfehlenswert bei der Ausschreibung von Social Media Monitoring-Dienstleistungen ist die Definition eines ausführlichen Kriterienkatalogs, bei dem die Erwartungshaltung und die Zielsetzung klar umrissen werden. Wichtige Kritieren können sein:

- Initialer Aufwand
- Folgekosten
- Usability, Performance
- Datenhaltung
- Quellenauswahl (Quellen-Set)
- Verfügt der Anbieter über eigene Technologie, falls nicht: wessen Technologie benutzt er?
- Spricht der Support eine Sprache die ich verstehe und kennt er unsere kulturellen Gegebenheiten?
- wie wird die Sentiment-Analyse durchgeführt?
- Globaler Partner?
- Reportingformate
- Sind individuelle KPIs, Benchmarks, Scorecards hinterlegbar?

3.5.1 Grenzen von Social Media Monitoring

Social Media Monitoring eignet sich hervorragend zur Informationsgewinnung im Social Web, hat jedoch seine Grenzen. Foren, Communities und Social Networks sind an sich nicht „von Außen", dass heisst ohne User-Login zugänglich. Soll zum Beispiel ein für einen Automobilhersteller wichtiges Auto-Forum gemonitored werden, muss ein Crawler in der Lage sein den Login eines Users zu simulieren. Dies wird Forums-Betreibern recht schnell auffallen und ist in den meisten Fällen auch nicht erwünscht, geschweige denn legal. Wird hier keine einvernehmliche Lösung mit dem Forumsbetreiber gefunden bleibt der Zutritt verwehrt.

Anders bei Facebook: es existiert zwar eine öffentliche Schnittstelle (API), die es erlaubt Facebook nach Schlagworten zu durchsuchen; jedoch werden nur diejenigen Beiträge von Nutzern angezeigt, die in Ihren Privatsphäreeinstellungen Ihre Beiträge als „public" klassifiziert haben. Die Ausbeute ist demnach denkbar gering und somit bleibt das aktuell wichtigste Social Network dem Social Media Monitoring im Prinzip verschlossen.

3.6 Channel- und App-Statistiken

Über offene Schnittstellen (APIs) können Nutzerstatistiken von jeglichen Facebook Seiten, Facebook Apps oder Twitter Accounts analysiert werden. Bei Facebook zählen hierzu Entwicklung der Fan-Zahlen in verschiedenen Regionen oder Branchen oder die Anzahl der MAU[26] einer Facebook App. Es handelt sich bei dieser Kategorie um öffentlich verfügbare Informationen.

3.6.1 Facebook Fan-Page Statistiken

Über die Facebook API können zahlreiche Parameter von Facebook Seiten ausgelesen und verglichen werden. Inzwischen gibt es mehrere Anbieter[27], die diese API nutzen, die Daten aufbereiten und als kostenpflichtigen Dienst zur Verfügung stellen. Hier einige typische Kennzahlen, die bei Facebook Fan-Page Statistiken zur Anwendung kommen und in Dashboards allgemeinverständlich dargestellt werden:

- Growth rate (Anzahl und Entwicklung der Facebook Fans der beobachteten Fan Pages)
- Engagement Rate (die Interaktionsrate der Fans auf der Fan Page)
- Page Score (kombiniert die Werte Fans, Posting Strategy, Content und
- Engagement Rate)
- Country reach

---

26 MAU = Million average user

27 www.socialbakers.com, www.allfacebookstats.com

3.6.2   Twitter Nutzer Statistiken

Twitter bietet über seine APIs ebenfalls einen Zugang zur Analyse von Twitter Accounts und bietet dort Zugang zu unzähligen Kennzahlen wie z.B. Anzahl der Follower, Anzahl der Tweets, Anzahl der Retweets, uvm.)

Zahlreiche Dienstleister bieten Statistiken über öffentliche Twitter Nutzerdaten an. Diese Dienste dokumentieren im Allgemeinen die „Wichtigkeit" von Twitter Nutzern hinsichtlich ihrer Reichweite und ihrem Einfluss auf Ihre Follower. Exemplarisch soll her der Dienst „Klout[28]" genannt werden, der auch gleich eine eigene Kennzahl, den Klout Score[29], an Bord hat. Der Klout Score soll den Einfluss eines Twitter Nutzers dokumentieren und basiert auf den Faktoren „True Reach", „Amplification" und „Network Impact". Unter www.klout.com/rolandfiege ist z. B. mein Klout Score öffentlich einsehbar. Obwohl diese Kennzahl nicht unumstritten ist, hat sie sich als eine Art persönlicher Onlineeinfluss-Währung international gefestigt. Es ist gut vorstellbar, dass bei Bewerbungen für Social Media Manager oder Community Manager-Jobs Kandidaten mit höherem Klout Score in der Zukunft bevorzugt werden.

Zusätzlich bieten Social Media Plattformen den jeweiligen Nutzern nach Authentifikation (Login) so genannte „Insights" oder „Analytics" Dienste, die im folgenden Kapitel vorgestellt werden.

3.7   Channel Insights & Analytics

Plattformbetreiber wie Twitter, Youtube und Facebook bieten Mitgliedern einen üblicherweise kostenlosen Basisanalysedienst zur Auswertung des Traffics und der Mitgliederentwicklung (Fans, Follower, Abonnenten, Gruppenmitglieder) eigener Accounts an. Dies bedeutet, dass diese Informationen nur den Personen oder Anwendungen zugänglich sind, die administrativen Zugang (Login) zu den Accounts haben. Es handelt sich hierbei also um nicht-öffentliche Informationen.

3.7.1   Twitter Analytics

Twitter bietet seinen Anzeigenkunden den Dienst Twitter Analytics an[30], der neben einem „promoted Tweets Dashboard" folgende Erkenntnisse vermittelt: hinter dem Tab „Timeline Activity" findet sich eine Zeitleiste, die alle Klicks, Favs, Mentions, Retweets und @Replies eines Beitrags im gewählten Zeitraum aufzeigt. Unter dem Tab „Followers" lässt sich detailliert die Followerentwicklung nachvollziehen, sowie Indikatoren wie „Engagement" (% der Nutzer, die Beiträge

---

28 www.klout.com

29 www.klout.com/corp/kscore

30 https://business.twitter.com/de/advertise/analytics/

retweeted haben), Interessen, Location (Land), Top cities (Städte) der Follower analysieren.

Alternativ zur hauseignen Lösung von Twitter lohnt sich ein Blick auf externe Tools wie Favstar[31] oder Twitalyzer[32]. Diese Anbieter setzen auf den Twitter APIs auf, die zahlreiche Kennzahlen bereithalten. Die Twitter REST API-Methoden ermöglichen es Entwicklern, auf Kern-Daten von Twitter zuzugreifen. Dazu gehören sich aktualisierende Zeitrahmen, Status-Daten und Benutzerinformationen. Die Such-API-Methoden geben Entwicklern Möglichkeiten, um mit Twitter Search und Trend-Daten zu interagieren. Die Vielzahl der potentiell zur Verfügung stehenden Informationen ist enorm, hier ein Auszug aus dem Output der Twitter REST API:

Timeline resources

- statuses/public_timeline
- statuses/home_timeline
- statuses/friends_timeline
- statuses/user_timeline
- statuses/mentions
- statuses/retweeted_by_me
- statuses/retweeted_to_me
- statuses/retweets_of_me

Tweets resources

- statuses/show/:id
- statuses/update
- statuses/destroy/:id
- statuses/retweet/:id
- statuses/retweets/:id
- statuses/:id/retweeted_by
- statuses/:id/retweeted_by/ids

User resources

- users/show
- users/lookup
- users/search
- users/suggestions
- users/suggestions/twitter
- users/profile_image/twitter
- statuses/friends
- statuses/followers

Trends resources

- trends
- trends/current
- trends/daily
- trends/weekly
- Local Trends resources
- trends/available
- trends/1

List resources

- :user/lists
- :user/lists/:id
- :user/lists
- :user/lists/:id
- :user/lists/:id
- :user/lists/:id/statuses
- :user/lists/memberships

List Members resources

- :user/:list_id/members
- :user/:list_id/members
- .user/:list_ld/create_all
- :user/:list_id/members
- :user/:list_id/members/:id

---

31 www.favstar.fm

32 www.twitalyzer.com

- :user/lists/subscriptions

List Subscribers resources

- :user/:list_id/subscribers
- :user/:list_id/subscribers
- :user/:list_id/subscribers
- :user/:list_id/subscribers/:id

Friendship resources

- friendships/create
- friendships/destroy
- friendships/exists
- friendships/show
- friendships/incoming
- friendships/outgoing

Direct Messages resources

- direct_messages
- direct_messages/sent
- direct_messages/new
- direct_messages/destroy/:id

Friends and Followers resources

- friends/ids
- followers/ids
- Account resources
- account/verify_credentials
- account/rate_limit_status
- account/end_session
- account/update_delivery_device
- account/update_profile_colors
- account/update_profile_image
- account/update_profile_back-
  ground_image
- account/update_profile

Zusätzlich bietet der Dienst auch noch eine „Twitter Web Analytics API" an, die eine detailliertere Analyse des Traffics, den Twitter auf eine Landingpage lenkt, erlaubt, als mit Basis Webanalyse-Tools wie Google Analytics[33] möglich ist. Zur Analyse von Twitter Streams in Nah-Echtzeit ist eine zusätzliche Streaming API vorgesehen; für tiefergende Informationen lohnt sich ein Blick in die API Dokumentation[34] bei Twitter. Es ist wichtig zu wissen, dass Twitter die Zugriffshäufigkeit und die Datenrate der APIs aus Gründen der allgemeinen Verfügbarkeit des Dienstes streng limitiert. Wer eine „dickere Leitung" zu Twitter benötigt, die häufigere Zugriffe und einen größeren Datendurchsatz erlaubt, sollte sich Gnip[35] einmal näher anschauen.

3.7.1.10 Youtube Insight

Auch Youtube bietet für die Betreiber eines Youtube Kanals einen Analysedienst: Youtube Insight. Youtube Insight gibt Aufschluss über die Abrufzahlen von Videos, Regionen, eine Top 10 Liste der erfolgeichsten (eigenen) Videos (Aufrufe, Beachtung). Ergänzt werden die Informationen um demografische Daten (Geschlecht, Alter) und um „Popularität" (Beliebtheit der eigenen Videos im Vergleich

---

33 http://www.google.com/analytics/

34 https://dev.twitter.com/docs

35 www.gnip.com

zu Videos anderer Youtube Nutzer). Möchte man Kennzahlen seines Youtube Kanals in andere Analysedienste integrieren kann man die Daten in eine CSV-Datei
exportieren. Im Detail werden folgende Daten zur Verfügung gestellt:

World Locations

- Date
- Region
- Channel
- Player location
- Views

World viewers

- Date
- Region
- Channel
- Views

Favorites

- Rating 1
- Rating 2
- Rating 3
- Rating 4
- Rating 5

favorites

- favorites/create/:id
- favorites/destroy/:id
- Notification resources
- notifications/follow
- notifications/leave

Spam Reporting resources

- report_spam

OAuth resources

- oauth/request_token
- oauth/authorize
- oauth/authenticate
- oauth/access_token

World referers

- Date
- Region
- Channel
- Source type
- Referred views

Unique users

- Unique users (7 days)
- Unique users (30 days)
- Popularity
- Comments

Subscriptions

- Unsubscriptions
- Demographics
- Channel
- Gender
- Age group
- Percentage

Block resources

- blocks/create
- blocks/destroy
- blocks/exists
- blocks/blocking
- blocks/blocking/ids

Saved Searches resources

- saved_searches
- saved_searches/show/:id
- saved_searches/create
- saved_searches/destroy/:id

Geo resources

- geo/nearby_places
- geo/search
- geo/similar_places
- geo/reverse_geocode
- geo/id/247f43d441defc03
- geo/place

Legal resources

- legal/tos
- legal/privacy

Help resources

- help/test

Streamed Tweets resources

- statuses/filter
- statuses/firehose
- statuses/retweet
- statuses/sample

Search resources

- search

3.7.2   Facebook Insights

Facebook stellt Administratoren einer Facebook Page einen Überblick über die Aktivitäten rund um die einzelne Page zur Verfügung. Hierzu zählen Informationen über die Entwicklung der Fanzahlen („Gefällt mir"-Angaben und „Freunde von Fans"), das Engagement, also Interaktionen der Fans auf der Fan Page („Personen, die darüber sprechen") und Reichweite „Wöchentliche Reichweite insgesamt"). Hinzu kommen demographische Daten (aggregiert) zu Geschlecht und Alter, Länder, Städte und Sprachen. Ebenso werden Informationen über Referral Traffic („Gefällt mir"-Quellen") und detaillierte Informationen über den Erfolg der einzelnen Beiträge (Reichweite, eingebundene Nutzer, Viralität), der einzelnen Reiter (Tabs) sowie informationen über externe Verweise (die Anzahl der Aufrufe der Seite durch eine URL, die nicht Teil von Facebook.com ist). Folgende Datenpunkte sind zur weiteren Verwendung in externen Systemen auch per CSV oder Excel-Datei exportierbar:

Hauptstatistiken von Facebook Insights

- Täglich Personen, die darüber sprechen
- Wöchentlich Personen, die darüber sprechen
- 28 Tage Personen, die darüber sprechen
- Täglich Page Stories
- Wöchentlich Page Stories
- 28 Tage Page Stories
- Laufzeit „Gefällt mir"-Angaben insgesamt
- Täglich Neue „Gefällt mir"-Angaben
- Täglich Gefällt mir nicht mehr
- Täglich Friends of Fans
- Täglich Eingebundene Nutzer der Seite
- Wöchentlich Eingebundene Nutzer der Seite
- 28 Tage Eingebundene Nutzer der Seite
- Täglich Gesamte Reichweite
- Wöchentlich Gesamte Reichweite
- 28 Tage Gesamte Reichweite
- Täglich Organische Reichweite

- Wöchentlich Organische Reichweite
- 28 Tage Organische Reichweite
- Täglich Bezahlte Reichweite
- Wöchentlich Bezahlte Reichweite
- 28 Tage Bezahlte Reichweite
- Täglich Virale Reichweite
- Wöchentlich Virale Reichweite
- 28 Tage Virale Reichweite
- Täglich Impressionen insgesamt
- Wöchentlich Impressionen insgesamt
- 28 Tage Impressionen insgesamt
- Täglich Organic impressions
- Wöchentlich Organic impressions
- 28 Tage Organic impressions
- Täglich Paid Impressions
- Wöchentlich Paid Impressions
- 28 Tage Paid Impressions
- Täglich Viral impressions
- Wöchentlich Viral impressions
- 28 Tage Viral impressions
- Täglich Angemeldete Seitenaufrufe
- Wöchentlich Angemeldete Seitenaufrufe
- Täglich Angemeldete Seitenaufrufe
- Wöchentlich Angemeldete Seitenaufrufe
- Täglich Reichweite von Seitenbeiträgen
- Wöchentlich Reichweite von Seitenbeiträgen
- 28 Tage Reichweite von Seitenbeiträgen
- Täglich Organische Reichweite von Seitenbeiträgen
- Wöchentlich Organische Reichweite von Seitenbeiträgen
- 28 Tage Organische Reichweite von Seitenbeiträgen
- Täglich Bezahlte Reichweite von Seitenbeiträgen
- Wöchentlich Bezahlte Reichweite von Seitenbeiträgen
- 28 Tage Bezahlte Reichweite von Seitenbeiträgen
- Täglich Virale Reichweite von Seitenbeiträgen
- Wöchentlich Virale Reichweite von Seitenbeiträgen
- 28 Tage Virale Reichweite von Seitenbeiträgen
- Täglich Total Impressions of your posts
- Wöchentlich Total Impressions of your posts
- 28 Tage Total Impressions of your posts
- Täglich Organic impressions of your posts
- Wöchentlich Organic impressions of your posts
- 28 Tage Organic impressions of your posts

- Täglich Bezahlte Eindrücke Ihrer Beiträge
- Wöchentlich Bezahlte Eindrücke Ihrer Beiträge
- 28 Tage Bezahlte Eindrücke Ihrer Beiträge
- Täglich Virale Eindrücke deiner Beiträge
- Wöchentlich Virale Eindrücke deiner Beiträge
- 28 Tage Virale Eindrücke deiner Beiträge
- Täglich Verbraucher insgesamt
- Wöchentlich Verbraucher insgesamt
- 28 Tage Verbraucher insgesamt
- Täglich Page consumptions
- Wöchentlich Page consumptions
- 28 Tage Page consumptions
- Täglich Nutzer mit negativem Feedback
- Wöchentlich Nutzer mit negativem Feedback
- 28 Tage Nutzer mit negativem Feedback
- Täglich Negative Feedback from Users
- Wöchentlich Negative Feedback from Users
- 28 Tage Negative Feedback from Users
- Täglich Besuche insgesamt
- Wöchentlich Besuche insgesamt
- 28 Tage Besuche insgesamt
- Täglich Besuche insgesamt
- Wöchentlich Besuche insgesamt
- 28 Tage Besuche insgesamt
- Täglich Total check-ins using mobile devices
- Wöchentlich Total check-ins using mobile devices
- 28 Tage Total check-ins using mobile devices
- Täglich Total check-ins using mobile devices
- Wöchentlich Total check-ins using mobile devices
- 28 Tage Total check-ins using mobile devices

Die o.g. Kennzahlen stehen Tagesaktuell zur Verfügung. Über die Facebook API stehen jedoch noch eine weitaus größere Anzahl an Metriken zur Verfügung. Diese betreffen nicht nur Statistiken von Facebook Pages, sondern auch von Apps und deren Nutzer, API-Performance usw. Folgende Metriken stellt Facebook zur Verfügung (Stand 28. Februar 2012):

Application Users
Application Content
Plugins
Canvas
Application on Tabs
API Performance
Page Stories and People talking about this

Page Impressions
Page Engagement
Page Users
Page Content
Page Views
Page Post
Page Post: Stories and People talking about this
Page Post: Impressions
Page Post: Engagement
- Domain Content

Eine detaillierte Aufstellung aller verfügbaren Facebook Insights Messwerte aus denen sich die o.g. Metriken zusammensetzen, findet sich in der offiziellen Dokumentation[36] und würde den Rahmen dieses Kapitels sprengen.

3.7.3 Zwischenfazit Channel Insights und Analytics Daten

Neben Twitter, Youtube und Facebook bieten auch andere Plattformen Insights und Analytics „frei Haus" an. Die Vielzahl der verfügbaren Daten zeigt, wie wichtig es ist, sich vor der Entwicklung von Scorecards oder Dashboards sehr genau klar zu werden, welche Kennzahlen aus welchen Kanälen zu welcher Metrik aggregiert werden sollen. Überspringt man diese gedankliche Arbeit, verliert man sich schnell im Kennzahlendschungel. Dies gilt insbesondere bei der Auswahl von Social Media-Management Tools, die Insights- und Analysedaten von Social Media Kanälen (Admin-Login erforderlich) integrieren und vorgefertigte Dashboards und hauseigene KPIs mit sich bringen.

3.8 Facebook Nutzerdaten-Analyse

3.8.1 Exkurs: der „Like"-Button

Am Beispiel von Facebook zeigt sich, welches Potenzial das Marketing in sozialen Medien erwartet: Das Soziale Netzwerk ist eine nahezu unerschöpfliche Quelle persönlicher Daten. Denn die Menschen verhalten sich bei Facebook anders als sonst im Internet: Sie benutzen echte Namen und E-Mail-Adressen, unterhalten sich mit echten Freunden, teilen echte Gedanken, Präferenzen und Neuigkeiten.

Facebook geht dabei davon aus, dass menschliche Beziehungen und Interessen miteinander verknüpft sind. Wenn einer Person ein bestimmtes Buch oder ein bestimmter Film oder eine Automarke gefällt („like"), werden ihre Freunde („Friends") ebenfalls gezielt über diesen „like"-Vorgang, der nichts anderes ist als Empfehlungsmarketing unter Freunden, informiert. Dieses Konzept, der so genannte Social Graph, liegt dem zielgruppenspezifischen Werbekonzept (Social

---

36 https://developers.facebook.com/docs/reference/fql/insights/

Ads) von Facebook zugrunde.

Jedoch nutzen die meisten Organisationen diesen Datenschatz noch nicht aktiv aus. Der größte Teil der Fanpages oder Gruppen, die von Organisationen zur Marken- und Produktpromotion bei Facebook betrieben werden, lenkt den Nutzer ohne Umweg auf die Landing Page der Corporate Website. Dies ist strategisch gesehen der einfachste Ansatz und hat den Vorteil, dass die Effekte des Social-Media-Engagements mit den klassischen Messgrößen des Webmonitoring messbar sind. Es erhöht sich zwar der Traffic auf der hauseigenen Website und führt den Nutzer im idealen Fall zu einem klassischen Webshop, jedoch bleibt das Potenzial, das sich innerhalb der Communities bietet, bisher meist vollkommen ungenutzt. Facebook als Betreiber des weltgrößten Sozialen Netzwerks mit über 850 Millionen Nutzern (Stand April 2012) hat im April 2010 den sogenannten Like-Button vorgestellt. Der Like-Button ermöglicht, bestimmte definierte Medieninhalte über News-Feeds an Empfänger innerhalb von Facebook in Echtzeit zu verbreiten.

Wird eine Webseite mit einem Like-Button von einem Nutzer aufgerufen, lädt im Hintergrund der Browser ein Skript, das versucht, den Nutzer als Facebook-Mitglied zu identifizieren. Dabei sucht das Skript im Browser-Cache nach einem so genannten „Cookie", einer kleinen Textdatei, die Facebook bei einem Besuch auf seiner Webseite an Facebook-Mitglieder übermittelt.

Auch ohne einen Klick auf den Like-Button werden Cookie-Daten, die IP-Adresse und Inhaltsdaten zum News-Feed ermittelt und an Facebook übertragen. Wird der Like-Button angeklickt, taucht ein News-Feed auf der Pinnwand des Facebook-Mitglieds auf, den (sofern der Nutzer seine Privacy-Einstellungen nicht entsprechend limitiert hat) alle Freunde lesen, kommentieren und bewerten können. Genau genommen erhebt Facebook mit dem Like-Button personenbezogene Daten, denn es werden Identifikatonsnummern (IDs), IP-Adressen und Inhaltsdaten übermittelt. Auf die rechtlichen Aspekte in Bezug auf das Bundesdatenschutzgesetz (BDSG) und des Telemediengesetzes (TMG) soll an dieser Stelle nicht eingangen werden. Die Beurteilung der Rechtslage bzgl. der Verwendung des Like-Buttons auf Unternehmens-Webseiten wird an dieser Stelle Fachanwälten für Medienrecht überlassen.

3.8.2   Facebook Profildaten

Die Basis Profildaten eines Facebook Nutzers lassen sich mit relativ einfachen Mitteln (z. B. Facebook Connect, Facebook Registration Form oder während des Authentifizierungs-Dialogs einer Facebook App) erfassen. Zu den Basis Profildaten zählen:

- Name
- Profilbilder
- Geschlecht
- Heimatort

- Wohnort
- Politische Ansichten
- Aktivitäten
- Interessen
- Musikgeschmack
- Bevorzugte Fernsehsendungen
- Filme und Bücher
- Lieblingszitate
- Beziehungsstatus
- Mitgliedschaft in Netzwerken
- Details zu Ausbildung und Beschäftigung
- Fotos inklusive Metadaten und Kommentaren
- Anzahl der versandten und empfangenen Nachrichten
- Anzahl ungelesener Nachrichten in der Inbox
- Anzahl versandter Stupser („pokes")
- Anzahl der Pinnwand-Nachrichten
- Benachrichtigungen von anderen Anwendungen
- Zum Profil gehörende Veranstaltungen
- Liste sämtlicher Freunde
- Statusmeldungen
- Photos
- Photoalben
- Profilbilder
- Videos

Wie genau der Zugang zu diesen (und noch mehr) Daten erfolgen kann wird in den kommenden Abschnitten im Detail erläutert.

3.8.3   Ein „Like" ist nicht genug

Im Abschnitt zu Facebook Insights wurde bereits dargelegt, welche Daten Facebook Administratoren von Facebook Pages zur Verfügung stellt. Es handelt sich dabei um anonyme, aggregierte Daten von Fans einer Page.

Wer die Fans seiner Facebook Seite genauer kennenlernen will muss dies über einen kleinen Umweg tun. Zur genauen Analyse von Facebook Nutzerdaten bedarf es der dedizierten, expliziten Zustimmung zur Datennutzung durch den User. Dies erfolgt im Rahmen einer Facebook Applikation (kurz: App), bei der der jeweilige Nutzer dem App-Betreiber Zugangsberechtigung (access permissions) erteilt. Zunächst ist es aber wichtig ein Grundverständnis über die Struktur von Facebook Daten zu gewinnen.

3.8.4   Von Objects und Connections: der Social Graph

Für Facebook besteht der Social Graph eines Nutzers aus Objekten (Objects) und Verbindungen (Connections). Objekte innerhalb Facebook sind z. B. Nutzer,

Events, Gruppen und Apps. Nutzer sind mit diesen Objekten, also anderen Nutzern, Events, Gruppen und Apps verbunden (Connections).

Connections können sein: Freunde, News Feeds, Wall Posts, Likes, Movies, Music, Books, Notes, Permissions, Photo Tags, Photo Albums, Video Tags, Video Uploads, Events, Groups, Check-Ins. Also wirklich alles, womit ein Nutzer oder ein anderes Objekt wie z. B. eine Page sich irgendwie innerhalb von Facebook verknüpfen kann. Im weiteren Verlauf dieses Kapitels werden wir unter Nutzung folgender URL-Struktur https://graph.facebook.com/ID/CONNECTION_TYPE einige Connections auslesen um ein detailliertes Bild über die Datenfülle zu erhalten, die sich dahinter verbirgt.

3.8.5   Apps als Tor zum Social Graph

Bekannte Apps innerhalb Facebooks sind z. B. Cityville, Farmville, Texas HoldEm Poker, MyCalendar, Hidden Chronicles, CastleVille u.v.m.[37] Solche Apps sind für den Nutzer fast immer kostenlos und erfreuen sich sehr großer Beliebtheit. Möchte ein Nutzer innerhalb von Facebook eine App nutzen, so muss er dem Programm Zugriffsrechte auf sein Profil ermöglichen. Eine App integriert sich aber nicht nur optisch durch ein zusätzliches Fenster, oder einen zusätzlichen Tab nahtlos in das Profil des Nutzers, sondern erhält im Hintergrund je nach Programmierung und Zustimmungsbereitschaft des Nutzers Zugang zu dessen Social Graph. Wie eine App diese Daten nutzt, obliegt technisch gesehen alleine dem Entwickler der App; jedoch schränkt Facebook die Nutzung der über Apps gewonnen Daten in seinen Richtlinien dediziert ein.[38] Der folgende Abschnitt soll Möglichkeiten aufzeigen, wie sich intelligent aufgebaute Apps für das personalisierte 1 : 1 Marketing nutzen lassen.

Wenn der Anwender per Opt-In Zugriff auf sein Profil erteilt, erteilt er der App je nach Programmierung Lese- und, je nach Rechtevergabe durch den Nutzer auch Schreibrechte auf dessen Facebook Profilseite. Facebook nennt diese Zugangserlaubnis Access Token und unterscheidet zwischen sechs verschiedenen Arten von Tokens[39].

Publicly available

No access_token or permission is required for this operation.

Any valid access_token

A valid User, Page or App access token with no special permissions is required for this operation. An access token may not be valid if, for example, it has expired. No

---

37 http://www.socialbakers.com/facebook-apps-and-developers/

38 http://developers.facebook.com/policy/

39 https://developers.facebook.com/docs/authentication/permissions/

special permissions are required. Occasionally, this is referred to as a generic access_token.

App access_token

An access token for an application is required for this operation. This is obtained by authenticating the application with the APP_ID and APP_SECRET, as described in Application Authentication page[40].

User access_token

An access_token for a User, with no special permissions required for this operation. This is the access token returned by the standard Client-side and Server-side authentication flows[41].

Page access_token

An access_token used to manage a Page is required for this operation. Page access tokens are retrieved by calling /PAGE_ID?fields=access_token with a User access token which has been granted the manage_pages permission. You can call /USER_ID/accounts to get a list of all the Pages the users manages, along with a Page access token for each Page.

A specific permission

A User access token which has been granted a permission, from the list above is required to perform a particular operation. For example: the user_checkins permission is required to read a user's checkins.

Folgende Rechte (Permissions) können mit entprechendem Access Token von einer Facebook App abgefragt werden:

User permissions	Friends permissions
user_about_me	friends_about_me
user_activities	friends_activities
uses_birthday	friends_birthday
user_checkins	friends_checkins
user_education_history	friends_education_history
user_events	friends_events
user_groups	friends_groups
user_hometown	friends_hometown
user_interests	friends_interests
user_likes	friends_likes
user_location	friends_location
user_notes	friends_notes

---

40 https://developers.facebook.com/docs/authentication/%23applogin

41 https://developers.facebook.com/docs/authentication/%23server-side-flow

User permissions	Friends permissions
user_photos	friends_photos
user_relationships	friends_relationships
user_relationship_details	friends_relationship_details
user_religion_politics	user_religion_politics
user_status	friends_status
user_videos	friends_video
user_website	friends_website
user_work_history	friends_history
email	N/A

Abbildung 17:   User and Friends Permissions

Darüber hinaus können noch erweiterte Zugangsberechtigungen (extended Permissions) eines Facebook Nutzers abgefragt werden:

Extended permissions
read_friendlist
read_insights
read_mailbox
read_requests
read_stream
xmpp_login
ads_management
create_event
manage_friendslists
manage_notifications
user_online_presence
friends_online_presence
publish_checkins
publish_stream

Abbildung 18:   Extended permissions

3.8.6   Objects und Connections über die Open Graph API auslesen

Alle Objekte innerhalb Facebook lassen sich mit entsprechendem Access Token auslesen:

Auslesen des Objects „Nutzer Roland Fiege":

https://graph.facebook.com/roland.fiege

```
{
   "id": "100000397593426",
   "name": "Roland Fiege",
   "first_name": "Roland",
   "last_name": "Fiege",
   "link": "https://www.facebook.com/roland.fiege",
```

```
        "username": "roland.fiege",
        "gender": "male",
        "locale": "en_US"
    }
```

Auslesen des Objects "Event 245677195483677":

https://graph.facebook.com/245677195483677

```
{
    "id": "245677195483677",
    "owner": {
        "name": "Sven V\u00e4th (OFFICIAL)",
        "category": "Musician/band",
        "id": "57399808932"
    },
    "name": "Sven V\u00e4th at Cocoonclub (Xmas Special)",
    "description": "Mainfloor:\nSven V\u00e4th\nGuillaume & The Coutu Dumonts live\nFrank
Lorber\n\nLounge:\nJetclub\n\nTickets: https://www.x-
tix.de/admin/ticketing/reports/list.do?id=1222",
    "start_time": "2011-12-24T23:00:00",
    "end_time": "2011-12-25T06:00:00",
    "location": "Cocoonclub",
    "venue": {
        "street": "Carl-Benz-Str. 21",
        "city": "Frankfurt",
        "state": "Hessen",
        "country": "Germany"
    },
    "privacy": "OPEN",
    "updated_time": "2011-10-26T14:47:50+0000"
}
```

Auslesen des Objects "Gruppe 195466193802264" (Facebook Developers group):

https://graph.facebook.com/195466193802264

```
{
    "id": "195466193802264",
    "version": 1,
    "owner": {
        "name": "Ravi Grover",
        "id": "202875"
    },
    "name": "Facebook Developers",
    "description": "Description.",
    "privacy": "OPEN",
    "icon": "http://static.ak.fbcdn.net/rsrc.php/v1/yd/r/7dBfSEwwsLh.png",
    "updated_time": "2011-03-12T02:43:05+0000",
    "email": "195466193802264\u0040groups.facebook.com"
}
```

Auslesen des Objects „Anwendung WisdomApp":

https://graph.facebook.com/wisdomApp

```
{
    "id": "155202421210030",
    "name": "Wisdom",
    "description": "Wisdom provides Facebook users with insightful analysis of their so-
cial network.",
```

```
    "category": "Lifestyle",
    "link": "https://www.facebook.com/WisdomApp",
    "canvas_name": "wisdomapp",
    "namespace": "wisdomapp",
    "icon_url": "http://photos-a.ak.fbcdn.net/photos-ak-
sncl/v43/82/155202421210030/app_2_155202421210030_8203.gif",
    "logo_url": "http://photos-d.ak.fbcdn.net/photos-ak-
sncl/v43/82/155202421210030/app_1_155202421210030_3810.gif",
    "company": "Strategy Network Incorporated",
    "daily_active_users": "10000",
    "weekly_active_users": "10000",
    "monthly_active_users": "10000"
}
```

Neben den **Objects** lassen sich auch die **Connections** mit dem entsprechenden Token auslesen.

- Friends: https://graph.facebook.com/me/friends?access_token=...
- News feed: https://graph.facebook.com/me/home?access_token=...
- Profile feed (Wall): https://graph.facebook.com/me/feed?access_token=...
- Likes: https://graph.facebook.com/me/likes?access_token=...
- Movies: https://graph.facebook.com/me/movies?access_token=...
- Music: https://graph.facebook.com/me/music?access_token=...
- Books: https://graph.facebook.com/me/books?access_token=...
- Notes: https://graph.facebook.com/me/notes?access_token=...
- Permissions: https://graph.facebook.com/me/permissions?access_token=...
- Photo Tags: https://graph.facebook.com/me/photos?access_token=...
- Photo Albums: https://graph.facebook.com/me/albums?access_token=...
- Video Tags: https://graph.facebook.com/me/videos?access_token=...
- Video Uploads: https://graph.facebook.com/me/videos/uploaded?access_token=...
- Events: https://graph.facebook.com/me/events?access_token=...
- Groups: https://graph.facebook.com/me/groups?access_token=...
- Checkins: https://graph.facebook.com/me/checkins?access_token=...
- Notes: https://graph.facebook.com/122788341354 (Note announcing Facebook for iPhone 3.0)
- Checkins: https://graph.facebook.com/414866888308 (Check-in at a pizzeria)

> Der Output **Friends** sowie der komplette Output des **Profile feed (Wall)** des Facebook Nutzers Roland Fiege finden sich im Kapitel Listings.

Der Detaillierungsgrad der verfügbaren Daten ist einzigartig und der Schlüssel zu völlig neuen Marketing Möglichkeiten. Doch dies ist erst der Anfang. Mit der Einführung der Action IDs im Social Graph befasst sich der nächste Abschnitt.

3.8.7   Timeline Apps und der Social Graph

Im September 2011 wurde der Social Graph noch erweitert: Der User kann dank des Open Graph via Apps über frei definierbare Aktionen (Action) mit sämtlichen

Objekten interagieren. Ob nun Peter (User) ein Rezept (Object) kocht (Action), Paul (User) Lada Gaga (Object) mag (Action) oder Mary (User) eine Hose (Object) bei Otto kauft (Action) – der Open Graph erlaubt es via Apps Nutzeraktivitäten auf Basis von Aktionen (Verben) und Objekten (Nomen) zu modellieren.

Diese Nutzerinteraktionen, Interessen und Präferenzen lassen sich innerhalb von Apps hervorragend nachvollziehen, sofern der Nutzer es willentlich und aktiv erlaubt, seinen Social Graph von der App crawlen zu lassen (Opt-In). Hierzu wurden zusätzliche Open Graph Permissions eingeführt:

User Permission	Friends permissions
publish_action	N/A
user_actions.music	friends_actions.music
user_actions.news	friends_actions.news
user_actions.video	friends_actions.video
user_actions.APP_NAMESPACE	friends_actions.APP_NAMESPACE

Abbildung 19:   Open Graph Permissions

3.8.8   Page Permissions

Zur Autorisierung von externen Applikationen für die Verwaltung von Facebook Seiten oder Applikationen, z. B. durch ein Social Media Management-System, ist die Permission **manage_pages** vorgesehen. Diese Permission holt access_tokes für die Verwaltung von Seiten oder Apps ein, auf die der Nutzer administrativen Zugriff hat.

3.8.9   Marketing as a Service?

Die möglichen Auswirkungen des Open Graph auf die zukünftige Entwicklung des Facebook Marketings hatte ich bereits in meinem Blog im Oktober 2011 diskutiert[42]:

„… Vereinfacht ausgedrückt, baut Facebook hiermit seine Position als größte, aktuellste und vollständigste Nutzerdatenbank weiter aus – und das mit erheblich gesteigertem Mehrwert. Customer Insights Data at it´s best. Wer es richtig anstellt hat nun die Chance, Online Marketing von der Belästigung (wer klickt schon noch auf Banner) zu einer wertvollen Dienstleistung zu entwickeln. Gekoppelt mit der Information, wo sich ein Nutzer gerade befindet (Location), ergeben sich neue, wirklich soziale Möglichkeiten der werblichen Kommunikation.

Ein Großteil des Facebook Marketings besteht bisher aus der Gewinnung von "Likes" (zum Teil mit obskuren Mitteln) und viele Marken fragen sich so langsam, was das alles soll. Natürlich fühlt es sich besser an mehr "Fans" zu haben als der Marktbegleiter – aber was heisst das denn wirklich? Nicht wirklich viel. Einmal geliked und dank fehlender In-

---

42 http://rolandfiege.com/wenn-marketing-sozial-wird-facebook-open-graph-reloaded/

*teraktion und Relevanz werden die Marketingbotschaften meist vom Edge-Rank[43] ver-
schluckt. Viel investiert, viele "Fans" gewonnen und dann – herzlich wenig ROI. Nicht
gerade das, wovon ein CMO träumt. Aber Hilfe naht.*

*Facebook Marketing bekommt mit der Erweiterung des Open Graph Protocol eine voll-
kommen neue Dimension. Online Marketing hat endlich die Chance, wirklich sozial zu
werden und echten Mehrwert zu liefern.*

*Durch die vom Nutzer zum Ausdruck gebrachten Präferenzen und Abneigungen wird ein
höchst personalisiertes, anlass- und ortsbezogenes Marketing möglich. Facebook wird dadurch zu einer Bedarfsermittlungsplattform bei der Vertrauen und Relevanz zählen – wie
in jeder guten Kundenbeziehung. Bedürfnisse befriedigen ist King. Dabei behält der User
die Kontrolle. Und Marketiers, die das Vertrauen der Nutzer missbrauchen, werden einfach
deaktiviert. Der Kunde ist König – und er verhält sich auch so. [...]*

*Facebook Pages und Like Buttons sind bei den Usern deshalb so erfolgreich, weil sie es
ermöglichen, mit Marken in Beziehung zu treten und zu kommunizieren. Diese Interaktion
mit Marken wird in Zukunft immer selbstverständlicher werden. Nun geht es darum, die
Beziehung und Interaktion zu personalisieren und dem User bzw. Kunden individuelle
und für ihn wirklich relevante Inhalte, Produkte, Services oder Aktionen anzubieten. Für
Unternehmen wird es also unabdingbar werden, genaue Zielgruppen definieren zu können,
um diese genau ansprechen zu können. Bis hin zum Marketing to an Audience of One."*

Die verschiedenen Datenkategorien und -Quellen erlauben Zugriff auf zahllose
Datenreihen und Messpunkte. Diese Daten haben an sich jedoch keinen Selbst-
zweck. Welche Kennzahlen als strategische Ergebniskennzahlen für den jeweiligen
Einsatzzweck geeignet sind und welche Frühindikatoren und Leistungstreiber
(Key Performance Indicators) wichtig sind wird im Kapitel 5 erläutert.

---

43 Der Edgerank Algorithmus entscheidet darüber, welche Beiträge in den „Hauptnach-
richten" eines Nutzers erscheinen.

4 Kennzahlen

Everything that can be counted does not necessarily count;
everything that counts cannot necessarily be counted.

(Albert Einstein, Physiker)

4.1 Einführung

Viele Unternehmen haben es bisher versäumt, Leistungsmessung in ihre Social Media-Marketing-Prozesse zu integrieren. Dabei spielt es keine Rolle, ob es sich um Konzerne, die öffentliche Hand oder den Mittelstand handelt. Sofern bereits eine Leistungsmessungen vorgenommen werden, haben die gewählten Kennzahlen oftmals keinen Bezug zu den kritischen Erfolgsfaktoren (KEF) der Unternehmen. Vielerorts werden z. B. die Entwicklung der Fans- und Followerzahlen gemessen – jedoch ohne eigentlich zu wissen warum und wozu eigentlich. Die Kennzahlen werden regelmäßig monatlich oder quartalsweise ausgewertet und das Management beurteilt die Ergebnisse und entscheidet dann, ob es ein gutes Quartal oder ein schlechtes Quartal war.

Eigentlich sollte ein Unternehmen mit Hilfe von Leistungsmessung in der Lage sein, sein Tagesgeschäft auf die strategischen Ziele auszurichten.

Dieses Kapitel soll Ihnen helfen die für Ihre Ziele richtigen Key Performance Indicators (KPIs) zu entwickeln.

4.2 Definitionen

Viele Unternehmen arbeiten mit Kennzahlen, die für ihre strategischen Ziele irrelevant sind und die fälschlicherweise als KPIs festgelegt wurden. Nur sehr wenige Unternehmen überwachen die für sie richtigen KPIs. Der Grund hierfür liegt darin, dass nur sehr wenige Unternehmen, Geschäftsführer, Redakteure, Buchhalter und Unternehmensberater wissen, was ein KPI eigentlich bedeutet. Gerne werden KPIs aus Twitter-Analytics, Facebook-Insights und Monitoring-Plattformen übernommen werden ohne jegliche Prüfung bzgl. der Relevanz hinsichtlich der eigenen strategischen Ziele.

Es sind vier Arten der Erfolgsmessung zu unterscheiden:

1. KRIs (Key Result Indicators) zeigen auf, wie erfolgreich das Unternehmen während einer perspektivischen oder kritischen Phase war.

2. RIs (Result Indicators) zeigen auf, was das Unternehmen geleistet hat.

3. PIs (Performance Indicators) zeigen auf, was das Unternehmen leisten muss.

4. KPIs (Key Performance Indicators) zeigen auf, was getan werden muss, um die Performance eines Unternehmens erheblich zu steigern.

Viele Performance-Kennzahlen, die von Unternehmen verwendet werden, sind eine nicht angemessene Mischung aus diesen vier Arten der Erfolgsmessung.

Wenn man die Beziehung dieser vier Arten mit einer Zwiebel vergleicht, beschreibt die äußere Schale den Zustand der Zwiebel: die Menge an Sonne, Wasser und Nährstoffe, die sie aufgenommen hat und wie die Zwiebel von der Ernte bis ins Supermarktregal gekommen ist. Die äußere Schale ist ein KRI. Wenn man jedoch die Zwiebel Schicht für Schicht schält, kommen immer mehr Informationen ans Tageslicht. Die Schichten stehen für verschiedene Performance- und Results-Kennzahlen und der Kern für die KPIs (Parmenter, 2010)

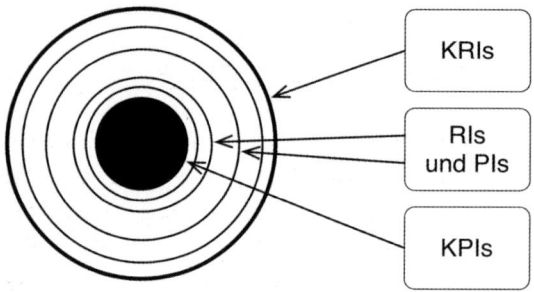

Abbildung 20:   Die vier Kennzahl-Typen im Zwiebelmodell Quelle: Parmenter, 2010, S. 2

4.3   Key Result Indicators (KRIs)

Was sind KRIs? KRIs sind Kennzahlen, die oft mit KPIs verwechselt werden.

Sie beinhalten z. B.:

- Kundenzufriedenheit
- Nettogewinn vor Steuern
- Rentabilität der Kunden
- Arbeitnehmerzufriedenheit
- Kapitalverzinsung

Diese Kennzahlen haben alle gemein, dass sie das Ergebnis vieler Maßnahmen sind. Sie geben ein klares Bild darüber, ob sich das Unternehmen auf dem richtigen Weg befindet. Allerdings sagen sie nichts darüber aus, wie das Ergebnis verbessert werden kann. Daher eignen sich KRIs ideal dafür, um dem Vorstand (z. B. Personen, die nicht ins Tagesgeschäft involviert sind) Informationen zu liefern.

Generell umfassen KRIs einen längeren Zeitraum als KPIs und werden monatlich/quartalsweise und nicht wie KPIs täglich/wöchentlich überprüft. Dadurch, dass KRIs von anderen Kennzahlen getrennt behandelt werden, haben sie einen großen Einfluss auf das Reporting. Durch die Trennung der Kennzahlen erhält man zum einen Kennzahlen, die die Steuerung des Unternehmens beeinflussen und zum anderen Kennzahlen, die das Management beeinflussen. Daher sollte ein Unternehmen zum einen ein Reporting zur Steuerung des Unternehmens erhalten (idealerweise im Dashboard-Format), das aus bis zu 10 Kennzahlen besteht, mit den für den Vorstand wichtigsten KRIs. Zum anderen benötigt das Unternehmen eine Balanced Scorecard (BSC), die für das Management bis zu 20 Kennzahlen beinhaltet (eine Mischung aus KPIs, RIs und PIs).

Zwischen den KRIs und den echten KPIs gibt es zahlreiche Leistungs- (Performance-) und Ergebnis-Indikatoren (Result-Indicators). Diese vervollständigen die KPIs und werden mit ihnen sowohl auf der Scorecard für das Unternehmen als auch auf der Scorecard für jeden Geschäftsbereich, für jede Abteilung und für jedes Team dargestellt.

4.4 Performance- und Result-Indicators (PIs und RIs)

Die zahlreichen Performance-Kennzahlen, die zwischen den KRIs und den KPIs liegen können, sind die sogenannten Performance- und Result-Indicators (PIs und RIs). Die PIs sollen dabei helfen, dass Teams die Unternehmensstrategie verstehen und danach handeln. PIs sind nicht-finanzieller Art und vervollständigen die KPIs; sie werden zusammen mit den KPIs auf der Scorecard für jedes Unternehmen, für jede Abteilung und für jedes Team dargestellt.

Beispiele für Performance Indicators für das Social Media-Marketing, die zwischen den KRIs liegen:

- Prozentuale Umsatzveränderung mit den Top 10 Kunden
- Anzahl der Verbesserungsvorschläge, die in den letzten 30 Tagen implementiert wurden
- Anzahl der Kundenbeschwerden die auf Social Media-Kanälen gefunden wurden
- Anzahl der Tweets und Posts, die die Social Media Redaktion in der nächsten Woche/in zwei Wochen organisiert werden
- Anzahl der nicht fristgerecht beantworteten Fragen und Kommentaren von Gatekeepern/Multiplikatoren

Die RIs umfassen Maßnahmen. Alle Finanz-Performance-Kennzahlen sind RIs. Auch sind tägliche oder wöchentliche Fananzahl-Messungen eine sehr nützliche Zusammenfassung, allerdings sind sie das Ergebnis vieler Maßnahmen verschiedener Teams.

Um vollständig verstehen zu können, was erhöht oder verringert werden soll, müssen die Maßnahmen angeschaut werden, die zum Verkauf (dem Ergebnis) geführt haben.

Beispiele für RIs, die zwischen den KRIs liegen:

- Nettogewinn der „Butter und Brot-Artikel" unseres Sortiments
- Umsatz und Absatz vom Vortag
- Anzahl der Kundenbeschwerden von A-Kunden

4.5 Key Performance Indicators (KPIs)

Was sind KPIs? KPIs bestehen aus einer Ansammlung von Kennzahlen und fokussieren die Aspekte der Unternehmensperformance. Diese stellen die kritischsten Kennzahlen für den gegenwärtigen und zukünftigen Unternehmenserfolg dar.

KPIs sind meistens den Unternehmen bereits bewusst. Entweder wurden sie nur noch nicht aktiv wahrgenommen und wurden vom derzeitigen Managementteam noch nicht entdeckt.

Die sieben Eigenschaften der KPIs

1. Nicht-finanzielle Kennzahlen (weder in Dollar noch in Yen, Pfund oder Euros, etc. ausgedrückt)
2. Regelmäßiges Messen (24/7, täglich oder wöchentlich)
3. Der CEO und das Senior Management-Team handeln danach
4. Geben den Mitarbeitern eindeutige Anweisungen
5. Sind Kennzahlen, die Verantwortung an ein Team weitergeben (das heißt, ein CEO kann einen Teamleiter ernennen, der die nötigen Schritte einleitet)
6. Haben einen enormen Einfluss (sie haben einen oder mehrere kritische Erfolgsfaktoren und mehr als eine BSC-Perspektive)
7. Sie leiten entsprechende Maßnahmen ein (diese haben einen positiven Einfluss auf die Performance, wohingegen schlecht durchdachte Kennzahlen zu falschen Maßnahmen führen können)

Sobald man einer Kennzahl ein €-Zeichen anhängt, wird aus der Kennzahl ein Result Indicator (RI) (z. B. sind tägliche Verkäufe das Ergebnis der Maßnahmen, die für die Verkäufe eingeleitet wurden). Ein KPI ist tiefgründiger. Denn es kann auch die Besucherzahl der Stammkunden sein, die das profitabelste Geschäft ausmacht oder die Anzahl der Beiträge und Kommentare der 10 einflussreichsten Fans auf einer Facebook Page.

KPIs sollten 24/7, täglich oder wöchentlich überwacht werden. Eine monatliche, quartalsweise oder sogar jährliche Messung macht keinen KPI aus, denn es ist sinnlos, erst etwas zu untersuchen, wenn das Kind bereits in den Brunnen gefallen ist. KPIs sind gegenwarts- oder zukunftsorientierte Kennzahlen (z. B. Anzahl der Stammkunden, die in den nächsten Monaten einen Besuch planen oder eine Liste mit den in der Zukunft geplanten Besuchen der Stammkunden) im Gegensatz zu vergangenheitsorientierten Kennzahlen. Die meisten Unternehmenskennzahlen wiesen oftmals vergangenheitsorientierte Indikatoren von Ereignissen der letzten Monate oder Quartale auf. Diese Indikatoren können niemals KPIs sein.

Alle KPIs machen einen Unterschied; sie haben immer die volle Aufmerksamkeit des CEOs in Form von täglichen Gesprächen mit den verantwortlichen Mitarbeitern.

Ein KPI im Unternehmen ist tiefgründig genug, wenn er im Team verankert ist. In anderen Worten kann der CEO jeden anrufen und nach dem „Warum" fragen. Die Kapitalverzinsung ist kein KPI, weil sie nie mit nur einem Manager verbunden werden kann – es ist ein Ergebnis von vielen Maßnahmen verschiedener Manager.

Ein KPI wird mehr als nur einen kritischen Erfolgsfaktor und mehr als nur eine BSC-Perspektive beeinflussen. Anders ausgedrückt legen CEO, das Management und die Mitarbeiter den Fokus auf den KPI. Somit hat das Unternehmen auf ganzer Linie Erfolg.

Bevor ein KPI entsteht, muss eine Performance-Kennzahl untersucht werden, um sicherzustellen, dass das gewünschte Ergebnis erzielt werden kann. Das bedeutet, dass dem Team dabei geholfen werden muss, ihr Verhalten und die Maßnahmen zugunsten des Unternehmens anzupassen. Es gibt viele Beispiele dafür, wo Perfomance-Kennzahlen zu falschem und unangemessenem Verhalten und Maßnahmen führen kann.

4.6   Der Unterschied zwischen KRIs und KPIs

Ein Autotachometer soll den Unterschied zwischen KRIs und KPIs veranschaulichen. Die Geschwindigkeit, mit dem ein Auto fährt, ist ein Result Indicator (RI), da die Geschwindigkeit eine Kombination darstellt aus eingelegtem Gang und wie viel Umdrehungen pro Minute der Motor leistet. Performance Indicators können zeigen, wie ökonomisch ein Auto gefahren wird (z. B. mithilfe einer Anzeige, wie hoch der Verbrauch pro Kilometer ist) oder wie heiß der Motor gelaufen ist (z. B. mittels einer Temperaturanzeige).

KRIs	KPIs
Sie können finanziell und nicht-finanziell sein (z. B. Kapitalverzinsung, Kundenzufriedenheit in %)	Nicht-finanzielle Kennzahlen (das heißt weder in Dollar noch in Yen, Pfund oder Euros, etc. ausgedrückt)
Messung erfolgt meist monatlich und manchmal quartalsweise	Messung erfolgt regelmäßig (z. B. 24/7, täglich oder wöchentlich)
Die Zusammenfassung des Fortschritts mittels unternehmerischer kritischer Erfolgsfaktoren, ist perfekt für das Reporting des Fortschritts an den Vorstand geeignet	CEO und Senior Management-Team handeln danach
Sie helfen weder den Mitarbeitern noch dem Management, weil sie keine Auskunft darüber geben, was verbessert werden soll	Alle Mitarbeiter verstehen die Kennzahl und welche Maßnahmen getroffen werden müssen

KRIs	KPIs
Verantwortung für den KRI trägt allein der CEO	Verantwortung kann auf eine bestimmte Person oder ein Team übertragen werden
Ein KRI fasst die Maßnahmen innerhalb eines kritischen Erfolgsfaktors zusammen	Haben bedeutenden Einfluss (z. B. beeinflussen sie mehr als einen kritischen Erfolgsfaktor und mehr als eine BSC-Perspektive)
Ein KRI ist das Ergebnis von vielen Maßnahmen, die durch verschiedene Performance-Kennzahlen gemanagt wurden	Haben positiven Einfluss (z. B. beeinflusst alle anderen Performance-Kennzahlen auf positive Weise)
KRIs werden normalerweise durch einen Trendgraphen reportet, der mindesten die vergangenen 15 Monate der Maßnahmen abbildet	Normalerweise wird über das Intranet berichtet, das Maßnahmen, verantwortliche Personen und die Vergangenheit zeigt, damit ein Gespräch stattfinden kann

Abbildung 21:   Der Unterschied zwischen KRIs und KPIs

RIs	PIs
Sie können finanziell und nicht-finanziell sein	Nicht-finanzielle Kennzahlen (das heißt weder in Dollar noch in Yen, Pfund oder Euros, etc. ausgedrückt)
Werden täglich, wöchentlich, jede zweite Woche, monatlich oder manchmal quartalsweise gemessen	Werden täglich, wöchentlich, jede zweite Woche, monatlich oder manchmal quartalsweise gemessen
Können nicht auf eine Maßnahme zurückgeführt werden	Können auf eine Maßnahme und daher auf das Team zurückgeführt werden
Geben keine Hinweise darauf, was mehr oder weniger getan werden soll	Alle Mitarbeiter verstehen, welche Maßnahmen erforderlich sind, um den PI zu verbessern
Wurden aufgestellt, um *einige* Maßnahmen innerhalb der (kritischen) Erfolgsfaktoren zusammenzufassen	Spezielle Maßnahmen beeinflussen die (kritischen) Erfolgsfaktoren
Sind normalerweise in einer Team-Scorecard beinhaltet	Sind normalerweise in einer Team-Scorecard beinhaltet

Abbildung 22:   Unterschied zwischen RIs und PIs

4.7 Kritische Erfolgsfaktoren (KEFs)

Kritische Erfolgsfaktoren (KEFs) stellen eine Auflistung von Problemen oder Aspekten der Unternehmensperformance dar, die laufend die Gesundheit, die Vitalität und das Wohlbefinden des Unternehmens bestimmen.

Es sind die kritischen Erfolgsfaktoren und die darin enthaltenen Performance-Kennzahlen, die tägliche Maßnahmen mit der Unternehmensstrategie verbinden.

Seit Jahren fokussierten sich Unternehmen mit KPIs nicht auf deren Anpassungsfähigkeit, Innovation und Rentabilität, die sie sich erhofft hatten. KPIs waren schlecht durchdacht, wurden falsch benannt und nicht richtig genutzt.

Dieses Chaos wurde durch völlig missverstandene kritische Erfolgsfaktoren ausgelöst. Obwohl viele Unternehmen ihre Erfolgsfaktoren kennen, haben nur wenige Unternehmen:

- ihre Erfolgsfaktoren richtig benannt
- ihre Erfolgsfaktoren von den strategischen Zielen getrennt
- ihre Erfolgsfaktoren nach ihren kritischen Erfolgsfaktoren durchforstet
- ihre kritischen Erfolgsfaktoren an die Mitarbeiter kommuniziert

In Zeiten der Social Media Trial-and-Error-Phase kann die Kenntnis der kritischen Erfolgsfaktoren der entscheidende Überlebensfaktor bedeuten. Wenn ein Unternehmen keine vollständige und gründliche Untersuchung durchführt, um die kritischen Erfolgsfaktoren zu ermitteln, kann ein Performance-Management nicht funktionieren. Die Performance-Messung, Monitoring und Reporting werden ein zufälliger Prozess sein, der unzählige und nutzlose Berichte liefert, die voller Kennzahlen sind und damit weit weg von der Unternehmensstrategie liegen werden.

Der Prozess stellt die unternehmerischen kritischen Erfolgsfaktoren heraus und kommuniziert diese. Das Schöne an dieser Methode ist, dass sie ein einfacher und systematischer Prozess ist, der von den Mitarbeitern ausgeführt werden kann.

Die Auswahl der kritischen Erfolgsfaktoren ist sehr subjektiv und die Effektivität und Nützlichkeit dieser Faktoren hängen sehr stark von den analytischen Fähigkeiten der involvierten Mitarbeiter ab. Dieses setzt jedoch eine aktive Führung des Senior Managements voraus.

4.7.1 Vorteile durch das Verstehen der kritischen Erfolgsfaktoren im Unternehmen

Den Fortschritt der unternehmerischen kritischen Erfolgsfaktoren zu kennen, zu kommunizieren und zu messen ist das Wichtigste des Unternehmensmanagements. Es ergeben sich grundsätzliche Vorteile, wenn die kritischen Erfolgsfaktoren bekannt sind:

- Es führt zur Entdeckung der unternehmerischen gewinnbringenden KPIs.

- Kennzahlen, die nicht mit den kritischen Erfolgsfaktoren zusammenhängen oder diese beeinflussen, sind per Definition nicht wichtig und können daher vernachlässigt werden.
- Mitarbeiter wissen, welche Prioritäten gesetzt wurden und somit ist das Tagesgeschäft mit der Unternehmensstrategie verknüpft.
- Die Anzahl der Reportings wird reduziert, da nun viele als irrelevant und unwichtig eingestuft werden können.
- Es können verständlichere zusammenfassende Reportings für den Vorstand und das Senior Management erstellt werden, die auf den Fortschritt innerhalb der kritischen Erfolgsfaktoren basieren.

4.8   Typische Social Media Kennzahlen

Im Folgenden werden einige typische Social Media Kennzahlen vorgestellt:

4.8.1.11 Share of Voice

Für starke Marken ist der Share of Voice eine guter Indikator bezüglich der „Lufthoheit" im Social Web, drückt er doch den Anteil der Konversationen aus, in denen die eigenen Markenbegriffe im Verhältnis zum Wettbewerb genannt werden. Share of Voice also gibt das Verhältnis zwischen der Anzahl der Nennungen über die eigene Marke im Social Web und der Anzahl der Gesamtnennungen im untersuchten Branchenkontext (z. B. eigene Marke + Konkurrenzmarken) an.

$$Share\ of\ Voice = \frac{\text{Anzahl der Nennungen über eigene Marke}}{\text{Anzahl der Gesamtnennungen im untersuchten Kontext}}$$
$$z.\ B.\ eigene\ Marke\ +\ Konkurrenzmarken$$

In einem Dashboard einer Social Media Monitoring-Lösung wird für Darstellung gerne ein Kuchendiagramm verwendet:

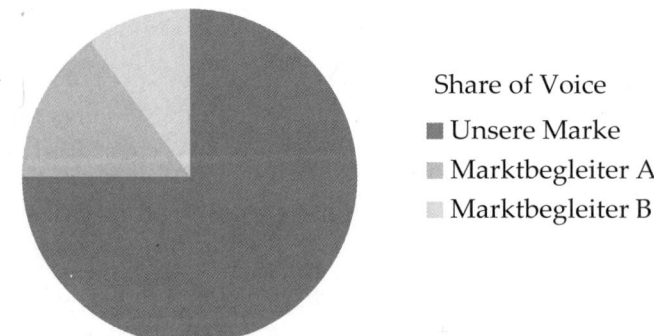

Share of Voice
■ Unsere Marke
■ Marktbegleiter A
   Marktbegleiter B

Abbildung 23:   **Share of Voice abgebildet als Tortendiagramm**

4.8.1.12 Sentiment

Dieser Reputations-Index drückt das Verhältnis der positiven + neutralen Nennungen einer Marke, einer Person oder eines Produktes im Verhältnis zu allen negativen Nennungen aus:

$$Sentiment = \frac{\text{alle positiven + neutralen Äußerungen}}{\text{alle negativen Äußerungen}}$$

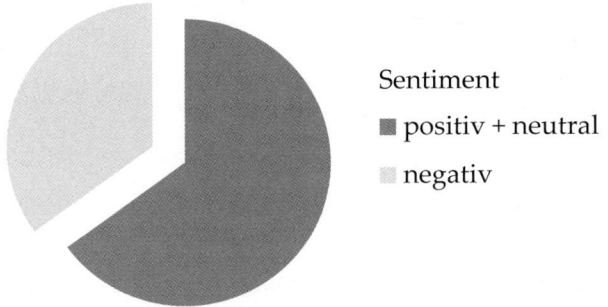

Sentiment
■ positiv + neutral
■ negativ

Abbildung 24:   Sentiment als Kuchendiagramm

4.8.1.13 Engagement

Dieser Index, oftmals auch „Audience Engagement" genannt, gibt den Anteil der Nutzer an, die sich aktiv in Form von Beiträgen, Kommentaren, dem Teilen (z. B. Share) und Weiterleiten (z. B. Retweet) von Informationen beteiligen. Sowohl bei unternehmensinternen Projekten wie z. B. der Einführung von Knowledge-Management Systemen oder Enterprise 2.0 Plattformen zur Kollaboration als auch im Web ist der Aktivitätsgrad Nutzer der absolute KPI, denn er drückt aus, ob und wie attraktiv ein Angebot für die Nutzergruppe ist.

$$Engagement = \frac{\text{aktive Nutzer}}{\text{Gesamtanzahl Nutzer}}$$

Verfolgt man diesen Index in Nah-Echtzeit, lässt er sich auch gut als Seismograph für aufziehende PR-Schlechtwetterphasen (Issues) und natürlich auch und das auftauchen positiver Trends verwenden.

4.8.1.14 Relevanz-Indizes

Ein Relevanz-Index bewertet die Relevanz von Quellen (Foren; Blogs usw.) und Beiträgen im Social Web. Er ermöglicht es Wichtiges von Unwichtigem zu trennen und ist somit ein unverzichtbarer Helfer wenn es darum geht, den Durchblick zu bewahren. Je nach Themengebiet und Branche können sehr schnell Millionen von Daten und Tausende von Äußerungen über eine Marke oder ein Produkt anfallen.

Es ist unmöglich diese Mengen manuell in vertretbarer Zeit und mit vertretbarem Aufwand zu klassifizieren und die Relevanz des Beitrags, seines Verfassers und des Mediums zu bewerten. Auf diese Weise können Unternehmen aus einer großen Menge an Daten sofort erkennen, welche Themen für großes Interesse sorgen und erfassen damit sogar zukunftsweisende Trends und Themen. In einem Forschungsprojekt „Social Media Measurement" zwischen der Heinrich-Heine Universität, Düsseldorf, der Fachhochschule Köln und der Firma Infospeed wurden bekannte Data-Mining Modelle aus der Nachrichten- und Diffusionsforschung auf Social Media übertragen und ein Algorithmus für einen Relevanz-Index entwickelt (Sen, E., 2010).

Auf einer Skala von 1-10 (10 = höchste Relevanz) wird der Auftraggeber über die jeweilige Relevanz eines Beitrags informiert und kann bei Bedarf entsprechend handeln.

Der Relevanz-Index lässt sich auf unterschiedliche Quellen, wie z. B. Blogs, Foren, Facebook und Twitter übertragen, so dass eine Vergleichbarkeit bzgl. der Relevanz von verschiedenen Quellen ermöglicht wird. Fank und Sen führen die Quellen unter Angabe der jeweils verwendeten Messwerten in einer Social Media Scorecard zusammen, so dass der Nutzer auf einen Blick die jeweiligen Medien hinsichtlich ihrer Relevanz beurteilen kann.

4.8.1.15 Reichweiten

Die Ermittlung der Reichweite (engl. Reach), also der Anzahl der Nutzer, die wir im Social Web mit Marketing-Aktivitäten, Kampagnen usw. erreichen ist nur bedingt aussagekräftig. Die Anzahl der Fans und Follower lässt sich rechnerisch leicht ermitteln und sind sicherlich auch ein Indikator für „gefühlten" Erfolg; und Social Media Marketing macht erst dann Spass, wenn man auch eine kritische Masse erreicht hat. Jedoch ist die Anzahl der Fans und Follower erst dann ein wichtiger Indikator, wenn wir wissen, was wir damit erreichen wollen. Interessanter ist die „Lebendigkeit" einer Community, also die Interaktionenfreudigkeit und das Engagement der Communitymitglieder.

Das „Reichweitendenken" dient natürlich der Preisfindung der Plattformbetreiber, deren Vermarkter bzw. von Media-Planern und Agenturen. Der tatsächliche Wert eines „Fans" oder „Followers" lässt sich seriöserweise nicht allgemeingültig ermitteln.

Selbstverständlich lässt sich auch im Social Web die „kontaktbasierte" Werbewirkung, also die Anzahl der Sichtkontakte, die Dauer und die „Größe" des Angebots durch entsprechende Streuung auf den verschiedenen Kanälen, durch einen möglichst hohen „Share of Voice", eine entsprechende „Kontaktfrequenz" (also die Häufigkeit in der unsere Fans und Follower aktiviert werden) positiv beeinflussen.

4.8.1 Klick-basierte ROI Messung von Social Media-Aktivitäten

Viele Unternehmen greifen auf klassische Mittel der Beurteilung des Erfolgs ihrer Social Media-Aktivitäten zurück und zählen Klicks. Die reine Generierung von Traffic wird dem Potential von Social Media zwar nur bedingt gerecht, scheint aber bei der Ermittlung des Return on investment (ROI) ein approbates Mittel. Analysiert man also den Traffic, die Impressions und Klicks, die Content auf Facebook, Youtube, Twitter etc. erzeugen, so lassen sich diese schnell hochrechnen und mit den CPC-Preisen für Bannerwerbung oder Social Ads vergleichen. Ein Social Media Manager sollte in diesem Fall nachweisen können, ob er mehr und „besseren" Traffic erzeugt und ob dadurch auch eine höhere Konversionsrate (Leads, Downloads, Transaktionen) anstösst als es durch Suchmaschinenmarketing, Bannerwerbung oder Social Ads der Fall ist. Es ist daher absolut ratsam, dass sich Social Media-Manager sehr ausführlich mit Web-Analytics beschäftigen. Sie sollten technisch in der Lage sein (Content-) Kampagnen so zu aufzusetzen, dass der Erfolg (in dem Fall die Click-Through-Rate) der Arbeit des/der Community Manager möglichst präzise dokumentiert wird.

4.8.2 Lead-Generierung durch Social Media Traffic

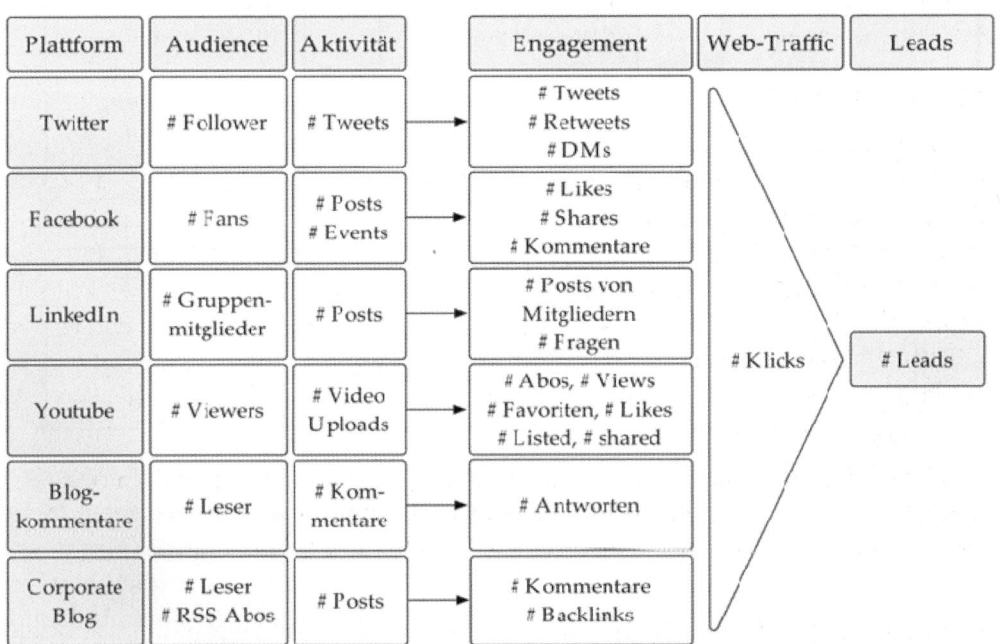

Abbildung 25: Ursache-Wirkungszusammenhänge Social Media Marketing und Lead-Generierung

Messung von Werbewirkung und Werbeerfolg in Social Media

Für Social Media Puristen und Blogger-Philosophen kommt der Missbrauch von Social Media als Abverkaufskanal und Kampagnenschauplatz wie ein Sakrileg vor.

Tatsächlich ist in vielen Unternehmen Social Media ein Teil der Unternehmenskommunikation und dient in erster Linie der Markenbildung- und Pflege. Verkaufsunterstützende Marketing-Kampagnen sind dort eher verpönt und stehen eher weniger zur Diskussion.

Zumindest im B2C-Bereich sieht der Vertrieb das oftmals anders. Gemeinsam mit der Marketing-Abteilung wird hier knallhart Social Media als ein weiterer Werbe-Kanal untersucht und der Werbeaufwand dem Werbeerfolg gegenübergestellt, d.h. es zählen nicht nur Interaktionen innerhalb der Social Media-Kanäle, sondern vor allem Transaktionen (direkte oder zeitverzögerte Abverkäufe). Die Zusammenhänge zwischen Werbewirkung und Werbeerfolg und ihre Treiber lassen sich schematisch wie in der folgenden Abbildung dargestellt skizzieren.

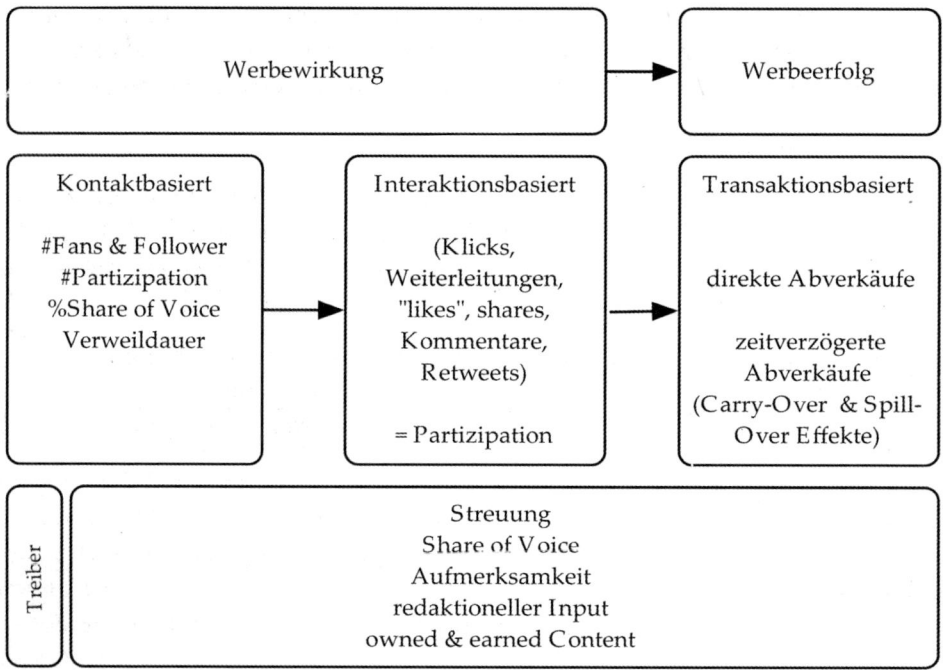

Abbildung 26:   Werbewirkung und Werbeerfolg in Social Media

Die Kunst besteht darin einerseits die Fans und Follower mit interessanten Mehrwert-Angeboten bei der Stange zu halten, sie aber ebenfalls möglichst elegant auf Landing-Pages und Web-Shops zu locken und Umsatz zu machen. Hierbei ist ein enges und harmonisches Zusammenspiel zwischen Unternehmenskommunikation und (Online-) Marketing unbedingt anzustreben. Bindeglied ist idealerweise der „Social Media Manager" (vgl. Kapitel 2.7), der sowohl die Nöte der Community wie auch die betriebswirtschaftlichen Notwendigkeiten nicht aus den Augen verliert.

4.8.2.16 Advocate Influence

Diese Größe zeigt den Einfluss der positiven Äußerung eines Social-Web-Nutzers (oder des eigenen Werbeprogramms) auf die Meinungsbildung anderer Online-Nutzer.

$$Advocate\ Influence = \frac{\text{Einfluss einer positiven Meinung im Web}}{\text{Gesamtanzahl aller positiven Meinungen}}$$

Mithilfe einer Kalkulation kann die Verbreitung einer positiven Meinung im Web 2.0 prognostiziert werden. Des Weiteren können auf Basis dieser Schlüsselkennzahl Internetnutzer, die eine positive Meinung in den sozialen Netzwerken ausbreiten, identifiziert und für eigene Werbekampagnen akquiriert werden. Allerdings ist es notwendig, einen Schwellenwert für diesen KPI festzulegen. Durch Vergleiche mit dem Grenzwert ist es dem Unternehmen möglich, Konsumentenäußerungen im Social Web zu bewerten und Diskussionsthemen zu segmentieren.

4.8.2.17 Advocacy Impact

Dieser KPI enthüllt, welche Wirkung ein positiver Beitrag auf die Meinungen anderer Internetnutzer hat. Folglich wird anhand dieser Kennzahl deutlich, ob die Online-Empfehlung eines Konsumenten (oder das eigene Werbeprogramm) zu einer Meinungsänderung seitens eines kritischen Users geführt hat.

$$Advocacy\ Impact = \frac{\begin{array}{c}\text{Anzahl der generierten Meinungsänderungen}\\\text{(aufgrund Kaufempfehlung)}\end{array}}{\text{Gesamtanzahl aller positiven Meinungen}}$$

Im Rahmen eines Social Media Monitorings sollten Unternehmen die Online-Diskussionen in Foren, Blogs etc. verfolgen, um die Quellen von Meinungsänderungen identifizieren zu können. Durch die Einbeziehung der entsprechenden Informationen in relevante Entscheidungen und durch eindeutige Handlungen seitens der Entscheider kann der Unternehmenserfolg positiv beeinflusst werden.

4.8.2.18 Issue Resolution Rate

Diese Schlüsselkennzahl gibt den Anteil der zufriedenstellend beantworteten Verbraucheranfragen im Social Web an.

Tipp: Für die effektive Umsetzung der Unternehmensstrategien und die Erreichung der Unternehmensziele ist es wichtig, das eigene Werbeprogramm zu pflegen und die Verbreitung von positiven Konsumentenmeinungen im Social Web zu unterstützen.

$$\textit{Issue Resolution Rate} = \frac{\text{Anzahl der zufriedenstellend beantworteten Konsumentenanfragen}}{\text{Gesamtanzahl der Anfragen}}$$

Der indirekte Einflussfaktor innerhalb dieses KPIs bestimmt, ob das Unternehmen das Anliegen der Konsumenten auch zu deren Zufriedenheit erfüllt hat. Dies könnte allerdings auch mithilfe eines einfachen Online-Fragebogens untersucht werden. Eine Online-Befragung würde zudem Erkenntnisse darüber liefern, ob die Antworten auf Verbraucher-Posts positive Wirkungen erzielt haben. Die Issue Resolution Rate sollte folglich nicht als Ersatz-, sondern als Ergänzungsgröße angesehen werden. Um valide Ergebnisse zu erreichen, empfiehlt es sich, Erwartungen über den Kennzahlenwert unter Berücksichtigung der traditionellen Call Center-Kennzahlen zu bilden.

Die Issue Resolution Rate liefert Erkenntnisse über die Qualität der eigenen Social Media Bemühungen als Servicekanal. Ein geringer Kennzahlenwert deutet darauf hin, dass Kundenanfragen/Issues besser dokumentiert und die eigenen Mitarbeiter besser geschult werden sollten. Im Gegensatz dazu zeigt ein hoher Kennzahlenwert effektivste Social Media Kanäle sowie Mitarbeiter.

4.8.2.19 Resolution Time

Dieses Maß gibt die Zeit in Minuten, Stunden oder Tagen an, die notwendig ist, um auf eine Konsumentenanfrage im Social Web zu antworten.

$$\textit{Resolution Time} = \frac{\text{Erforderliche Gesamtzeit zur Beantwortung von Verbraucheranfragen}}{\text{Gesamtanzahl der Anfragen}}$$

Während die Verbraucher eine sofortige Reaktion auf Ihre Anliegen erwarten, kann das Unternehmen oft nicht sofort alle Konsumentenanfragen beantworten. Die Mitarbeiter müssen sich jedoch bemühen, zeitnah auf die Probleme der Verbraucher zu reagieren, um mögliche Imageschäden zu verhindern. Automatisierte Antworten sind eher unerwünscht. Die Konsumenten erwarten, dass qualifizierte Mitarbeiter Ihre Anliegen bearbeiten.

Praxisbeispiel: Online-Services in der Telekommunikationsbranche

Ein deutsches Telekommunikations-Unternehmen hat in den letzten Jahren ein Online-Kundenforum via Facebook etabliert, bei dem Kunden anderen Kunden helfen. Falls kein User innerhalb von 24 Stunden auf eine neue Frage reagiert, greifen die Service-Mitarbeiter ein und beantworten die Frage.

Bei einem Abfallen des Kennzahlenwertes sollten zunächst die Aktivitäten der Mitarbeiter überprüft werden. Um entsprechende Maßnahmen in Gang setzen zu können, ist es wichtig zu erfahren, ob es sich um ein weit verbreitetes Problem oder um einen Einzelfall handelt und worin die Gründe der verzögerten Reaktion seitens der Mitarbeiter liegen.

Die Menge an Kennzahlen, die der Erfolgsmessung eines Projektes oder eines Unternehmensbereiches dienen, ist unter Umständen sehr hoch. Im Hinblick auf das Kapitel 3 sollte bei der Auswahl der geeigneten Key Performance Indikatoren sichergestellt werden, dass Kosten und Nutzen in einem vertretbaren und ausgeglichenen Verhältnis zueinander stehen. Ebenfalls ist es wichtig so wenig Kennzahlen wie möglich und nur so viele wie unbedingt nötig zu sammeln.

Tipp: Nutzung von Kennzahlen, die bereits im Unternehmen verwendet werden

Es ist ratsam soweit wie möglich Kennzahlen zu übernehmen, die bereits im Unternehmen bekannt sind und eine gewisse Akzeptanz erfahren haben. Je nach Ausrichtung der Social Media-Strategie können also bekannte KPIs aus den Bereichen Kundendienst, Ecommerce, Online-Marketing, PR usw. genutzt werden. Hierzu können z. B. auch der Net Promoter-Score[44] gehören, aber auch „Klassiker" wie der Customer Satisfaction Index (CSI),

Wie der Erfolg einer Social Media-Strategie mit den entsprechenden Kennzahlen gemessen und gesteuert werden kann soll im folgenden Kapitel dargelegt werden.

---

44 http://www.net-promoter.de/

5 Social Media Balanced Scorecard

Wie gut auch immer die Planung ist,
man sollte gelegentlich auch auf das Ergebnis schauen.

(Sir Winston Leonard Spencer-Churchill, Staatsmann)

5.1 Einleitung

Das Konzept der Balanced Scorecard (kurz: BSC) ist, nachdem sie nach der ersten Vorstellung durch Robert S. Kaplan und David P. Norton 1992 gerne als Modeerscheinung hingestellt wurde, immer noch aktuell. Ein Großteil der DAX-Unternehmen setzen BSC als Management-System ein. Ziel der Unternehmen ist es, mit der BSC in schwierigen Zeiten Kosten zu sparen und trotzdem zu wachsen. Allgemein wird das Konzept der BSC definiert als ein Konzept zur betrieblichen Leistungsmessung und Leistungsbewertung als Grundlage der Unternehmenssteuerung. Die BSC steht für das Grundprinzip „Strategy into Action", welches bedeutet, dass mit Hilfe der BSC Vision und Strategie eines Unternehmens in qualitative und quantitative Zielsetzungen umgesetzt werden sollen.

Zahlreiche vorwiegend von Unternehmensberatungen erstellte Studien beschäftigen sich mit der Verbreitung und dem Nutzen der BSC in der Praxis. Die Meinungen über die Einsatzmöglichkeiten der BSC in der Praxis und der Theorie gehen dabei zum Teil weit auseinander. Zum Teil wird die BSC als reines Kennzahlensystem genutzt, welches aber dem Anspruch von Kaplan und Norton, die die BSC als Management-System zur Führung (Unternehmenssteuerung) und Steuerung (Controlling) von Organisationen entwickelt haben, zu kurz kommt. Dabei nimmt die BSC oft die Rolle eines Kommunikationsmittels ein. In den folgenden Abschnitten wird die BSC insbesondere im Hinblick auf den möglichen Einsatz und Nutzen im Social Media-Marketing beschrieben.

5.1.1 Balanced Scorecard als Performance Measurement-Konzept

Unter einem Performance Measurement Konzept versteht man ein integriertes Kennzahlensystem zur Leistungsbeurteilung. Bei der BSC als Performance Measurement-Konzept werden einige wenige ausgewählte finanzielle Kennzahlen durch nicht-finanzielle Kennzahlen (z. B. Kundenzufriedenheit, Mitarbeiterzufriedenheit) ergänzt. Der bei einem Kennzahlensystem notwendige sachlogische Zusammenhang zwischen den unterschiedlichen Kennzahlen entsteht durch die Verknüpfung aller Kennzahlen über Ursache-Wirkungs-Beziehungen mit den finanziellen Zielen des Unternehmens.

5.2   Das Balanced-Scorecard-Konzept

Die Balanced Scorecard ist eine spezielle Art der Konkretisierung, Darstellung und Verfolgung von Strategien. Sie dient dazu, die Umsetzungswahrscheinlichkeit beabsichtigter Strategien zu erhöhen. Sie wurde ursprünglich Anfang der 90er Jahre des letzten Jahrhunderts von Robert S. Kaplan und David P. Norton an der Harvard Business School entwickelt. Ausgangspunkt war die Kritik an der starken finanziellen Ausrichtung der klassischen Managementsysteme. Ziel war es, eine ausgewogenere Sichtweise auf die Wertschöpfung in einer Organisation zu schaffen, bei der nicht nur finanzielle, sondern auch nichtfinanzielle Messgrößen betrachtet werden. Die Balanced Scorecard ergänzt finanzielle Kennzahlen vergangener Leistungen um die **treibenden Faktoren zukünftiger Leistungen**. Gedanklicher Hintergrund war, dass zur Leistungsmessung (dem „Performance Measurement") die unterschiedlich relevanten Geschäftsinhalte wie z. B. Finanzen, Kunden oder Prozesse in ihrer Gesamtheit berücksichtigt werden müssen. Die Ziele und Kennzahlen der Balanced Scorecard sind mehr als eine spontane Sammlung von finanziellen und nicht finanziellen Indikatoren. Sie werden aus einem top-down-Prozess hergeleitet bei dem die Mission und die Strategie der jeweiligen Business Unit der treibende Faktor ist. Daher sollte die Balanced Scorecard die Mission und die Strategie einer Business Unit in materielle Ziele und Kennzahlen übersetzen können. Die Scorecard hält die Balance zwischen den Messgrößen der Ergebnisse vergangener Tätigkeiten und die Kennzahlen, die die zukünftigen Leistungen antreiben und ist somit ausgewogen in Bezug auf objektive, meist leicht quantifizierbare Ergebniskennzahlen und subjektive, urteilsabhängige Leistungstreiber der Ergebniskennzahlen. Dieses Buch will ebendiese Gedanken auf die unterschiedlichen Perspektiven von Social-Media-Aktivitäten anwenden. Die vielschichtigen Auswirkungen von Social Media für Unternehmen lassen sich auch nicht nur finanziell erfassen, sondern berühren vielzählige Perspektiven, die im späteren Verlauf näher betrachtet werden.

Organisationen befinden sich derzeit im Informationszeitalter, das durch funktionsübergreifendes Arbeiten, schnellen Technologienwechsel und rasche Technologieentwicklung, Globalisierung und eine Neudefinierung der Rolle der Mitarbeiter und Kunden gekennzeichnet ist. Durch diesen Umstand und aus dem externen Wettbewerbsumfeld lassen sich viele allgemeine Trends ableiten, die in der Unternehmensführung einen Strukturwandel erforderlich machen hinsichtlich Wertorientierung, Marktorientierung, Prozessorientierung und Wissensorientierung. Durch die Globalisierung wird der Wettbewerb noch immens zunehmen. Auf vielen Märken gibt es bereits heute Überkapazitäten, und das Angebot wird weiter wachsen. Das ist eine große Herausforderung für alle Unternehmen. Firmen haben heute viel mehr Informationen über Kunden weltweit, über deren Kaufverhalten und Bedürfnisse als es in der Vergangenheit der Fall war. Gerade im Online-Marketing und im Speziellen im Social Media Marketing herrscht eine wahre Da-

ten und Informationsflut, die jedoch von den meisten Firmen noch nicht voll aus-
genutzt wird. Die Kunst ist, dieses Wissen erfolgreich in die Unternehmensstrategien zu integrieren. Dabei kann die Integration von unterschiedlichsten Informationen aus dem Social Web einen Wettbewerbsvorsprung erzielen. Die erfolgreiche
Umsetzung einer Strategie, egal ob als Low-Cost Anbieter oder als Innovationsfüh-
rer, hängt in erster Linie von Kommunikation ab. Entscheidend bleibt, ob Unternehmen Wege und Mittel finden, Strategie konsequent und messbar mit Hilfe der
Ihnen zur Verfügung stehenden Daten umzusetzen.

5.2.1   Warum viele Strategien scheitern

Der häufigste Fehler ist schlechte Kommunikation. Untersuchungen zeigen, dass
Organisationen bis zu 90 Prozent der Mitarbeiter die Strategie nicht kennen bzw.
sie nicht verstehen. Man hört die Worte oder liest davon im Geschäftsbericht,
weiss aber nicht, was sie für den Einzelnen bedeuten, geschweige denn welchen
Beitrag der Einsatz von Social Media hierbei spielt. Vermeintlich kann man also als
Einzelner nichts zum Gelingen beitragen. Strategien werden aber von denjenigen
umgesetzt, die produzieren, verkaufen und mit den Kunden in Kontakt sind. Und
hierbei spielt Social Media zweifelsohne eine grosse Rolle. Es lohnt also immer die
Strategie und den konkreten Weg (Taktik) immer wieder und über verschiedenen
Kanäle zu kommunizieren und darzustellen, also alle Stakeholder wie Eigentü-
mer/Aktionäre, Kunden, Mitarbeiter und Lieferanten „mitzunehmen".

Doch die Kommunikation der Strategie alleine reicht natürlich nicht aus. Die Strategieumsetzung muss von allen Führungskräften als ein ganz normaler, unter-
nehmensübergreifenden Prozess betrachtet werden, der gesteuert und überwacht
werden muss. Dies bedeutet, dass ausreichende Ressourcen, Methoden, Reporting-
und Steuerungssysteme zur Anwendung kommen, denn wie Peter Drucker einmal sagte: „Only what gets measured, gets done". Die Analyse von Kennzahlen
zeigt, ob eine Strategie effektiv realisiert wird und ob sie funktioniert. In vielen
Unternehmen wird vorrangig mit Hilfe von Budgets und kurzfristigen Finanzkennzahlen geplant und gesteuert. Diese Systeme liefern aber keine Daten, die
Aufschluss über die Umsetzung einer Strategie geben und möglichen Bedarf an
Veränderung anzeigen. Auch bei internen Meetings geht oft nur um Budgets und
Finanzkennzahlen, doch das ist nicht von Nachhaltigkeit geprägt. Die Wertschöpfung erfolgt heute in großem Masse durch „weiche" Faktoren wie dem Wissen der
Mitarbeiter, leistungsfähigere Software, optimierte Prozesse und einer innovati-
onsgetriebenen Unternehmenskultur. Eine direkte Beziehung zwischen sogenannten „Intangible Assets", wie dem Wissen der Mitarbeiter und dem finanziellen
Ergebnis, ist jedoch nicht ohne weiteres messbar. Weiterbildungsprogramme wirken sich selten direkt auf die Umsatzentwicklung aus. Stattdessen muss sichergestellt werden, dass durch das Training so etwas wie eine Qualitätsverbesserung
einstellt. Durch die Qualitätssteigerung wird das Vertrauen der Kunden in das
Unternehmen und dessen Produkte bzw. Dienstleistungen verbessert; und das

kann dann in besseren Umsatzzahlen resultieren. Das Erkennen dieser Ursache-Wirkungs-Ketten ist für die erfolgreiche Strategieumsetzung essentiell wichtig und stellt uns gerade beim Social Media-Marketing vor grosse Herausforderungen. Das Gebiet ist noch jung, es gibt noch wenige Vergleichszahlen (Benchmarks) und kaum wissenschaftlich fundierte Erkenntnisse, Formeln oder Muster, die man anwenden kann.

Mit der Balanced Scorecard hatte ein Unternehmen zum ersten Mal die Möglichkeit seine Strategie zu beschreiben, weil sie es erlaubt, auch nicht-finanzielle Faktoren, also Intangible Assets, zu berücksichtigen und zu zeigen, wie diese zum Finanzergebnis in Beziehung stehen. Die Notwendigkeit sich intensiv mit der Identifikaton von funktionierenden Ursache-Wirkungsketten zu befassen macht die Balanced Scorecard daher auch zu einer idealen Methodik für die Social Media-Strategiefindung und Umsetzung.

5.2.2 Zusammenfassung

Unternehmen im Zeitalter des Social Web müssen sowohl in ihr eigenes intellektuelles Kapital investieren und dieses managen wie das intellektuelle Kapital und die Kreativität Ihrer Kunden und Lieferanten kollaborativ nutzen, wenn sie erfolgreich sein wollen. Die Massenproduktion von Standardprodukten und -dienstleistungen wird durch flexible, schnelle und qualitativ hochwertige Bereitstellung innovativer, individualisierter Produkte und Dienstleistungen, die auf die zum Teil von der Kundenzielgruppe selbst mitgestaltet wird, ersetzt werden. Bisher wurde Innovation und Verbesserung von Produkten, Servicedienstleistungen und Prozessen durch noch qualifiziertere Arbeitskräfte, hochwertige Informationstechnologien und aufeinander abgestimmt Organisationsabläufe erreicht. In der Zukunft spielt eine engere Verwebung mit externen Stakeholdern über das Social Web eine grosse Rolle und die Integration der Kommunikation in die Wertschöpfungsprozesse der nächste logische Schritt.

5.3 Kausalzusammenhänge

5.3.1 Strategiekarten (Strategy Maps)

Die Kausalzusammenhänge zwischen und innerhalb der vier Perspektiven (siehe Kap. 5.4 *„Die klassischen Perspektiven der BSC nach Kaplan und Norton")* werden in einer so genannten Strategiekarte (engl.: Strategy Map) aufgezeigt. Diese Karte stellt mit Hilfe von Ursache-Wirkungs-Beziehungen dar, wie immaterielle Vermögenswerte wie zum Beispiel die Qualifikation von Mitarbeitern, Markennamen, Firmenimage und Investitionen in den Ausbau von Kundendatenbanken mit anderen Vermögenswerten kombiniert werden müssen, um einen Einfluss auf das Finanzergebnis zu haben. Die Strategiekarte soll auf Grundlage einer logischen Struktur, eben jener Kausalzusammenhänge, die Strategie durch eine Aufgliederung der Beziehungen zwischen Aktionären oder Investoren (Finanzperspektive),

Kunden, Geschäftsprozessen und Kompetenzen (Lern- und Entwicklungsperspektive) beschreiben. So sollen kundenorientierte Mitarbeiter (Lern- und Entwicklungsperspektive) maßgeschneiderte Produkte entwerfen (interne Prozessperspektive), die zu einer günstigen Positionierung bei den Kunden führen (Kundenperspektive), was sich wiederum über einen Preisgestaltungsspielraum finanziell positiv auswirkt (Finanzperspektive).

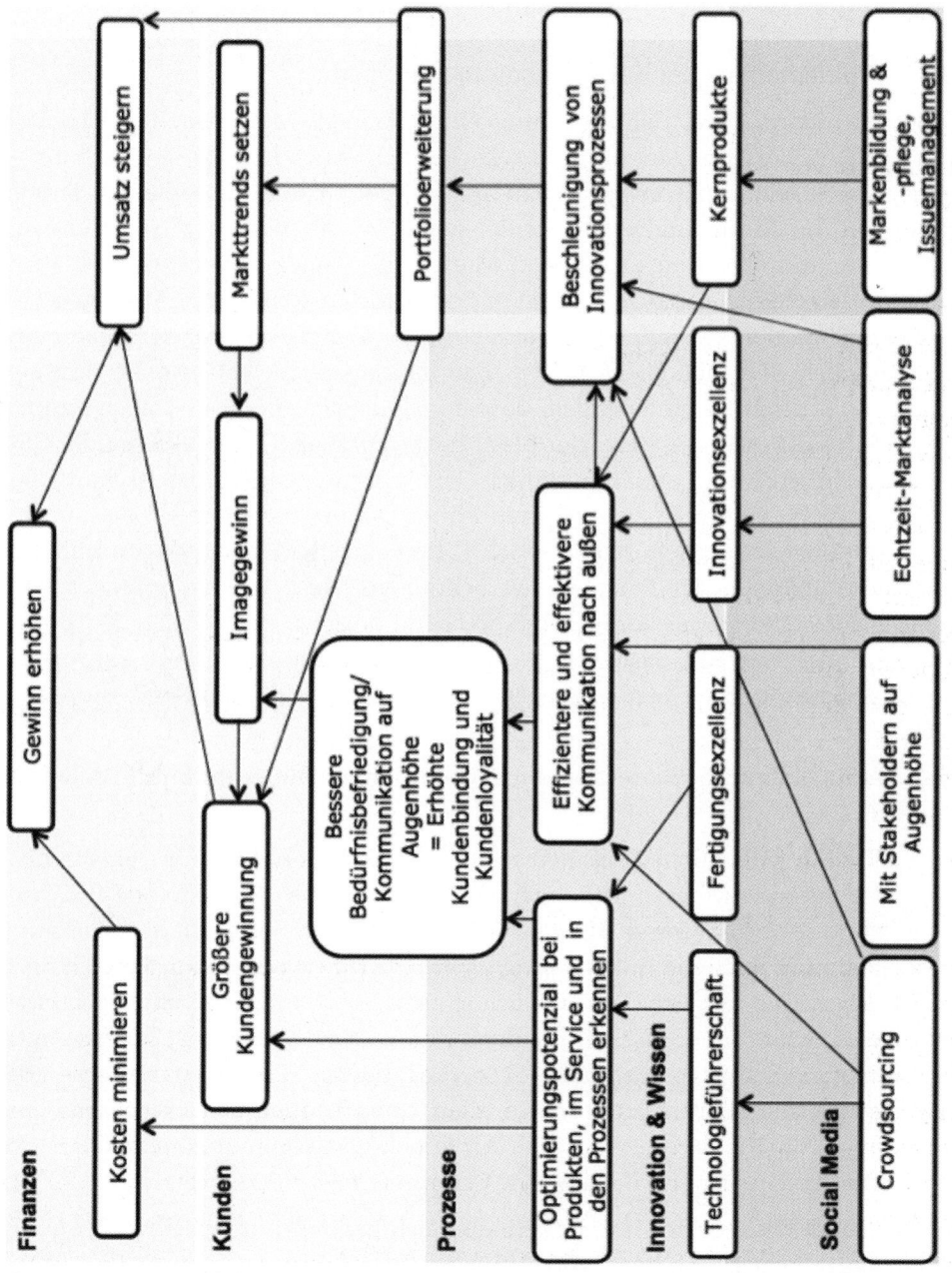

Abbildung 27: **Beispiel einer Strategy Map Quelle: Gentsch, P.; Zahn, A., 2010, S. 104**

Die Strategiekarte dient als Grundlage zur Entwicklung der BSC, da sie die Kausalzusammenhänge visualisiert. Dabei müssen nicht nur die vier Perspektiven untereinander, sondern auch jede einzelne Kennzahl einer BSC Teil einer Ursache-Wirkungskette sein, die ihr Ende in einem finanzwirtschaftlichen Ziel findet. Abbildung 27 stellt eine Strategy Map dar, die die Kausalzusammenhänge von beispielhaften Aktivitäten im Social Web mit den klassischen Perspektiven der BSC aufzeigt.

5.3.2 Problematiken bei Kausalzusammenhängen

Die Herausforderung bei der Erstellung einer Strategy Map besteht darin, daß nicht alle Kausalbeziehungen wie z. B. zwischen schnellem Kundenservice (interne Prozessperspektive) und Umsatz (Finanzperspektive) exakt quantifizieren lassen. Insbesondere im Marketing wird beispielsweise oft der lineare Zusammenhang zwischen kommunikativem Erfolg und Markterfolg angezweifelt. Dies gilt beim klassischen Marketing genauso wie beim Social Media-Marketing. Ebenso bestehen Zweifel an der Existenz eines eindeutigen Ursache-Wirkungs-Zusammenhangs zwischen den vier Perspektiven. Die hauseigene, selbst erstellte Strategy Map ist also kritisch zu hinterfragen, da vielmals weder ein Modell noch empirische Studien existieren, die unter der Berücksichtigung aller Perspektiven der BSC den Unternehmenserfolg erklären können. Um trotz fehlender wissenschaftlicher Modelle dennoch eine BSC aufstellen zu können, muss man sich zu Beginn mit Hypothesen über die Beziehungen zwischen den einzelnen Perspektiven und den Kennzahlen innerhalb der Perspektiven begnügen. Diese können später, sobald ausreichend Datenmaterial vorliegt entsprechend ausgewertet werden. Wird eine Hypothese allerdings auf Basis von Expertenschätzungen entwickelt, kann diese dann, sobald historische Daten vorliegen, mit Hilfe der multiplen Regressionsanalyse verifiziert werden.

Social Media Balanced Scorecard ohne unternehmensübergreifende Balanced Scorecard?

Prinzipiell kann jede Geschäftseinheit mit eigener Mission, Strategie, eigenen externen oder internen Kunden und eigenen Prozessen eine eigenständige BSC aufsetzen. Da diese Erfordernisse alle auch auf den Bereich Social Media-Marketing zutreffen, ist prinzipiell die Entwicklung einer BSC für den Funktionsbereich Social Media-Marketing möglich. Es stellt sich allerdings die Frage, ob eine Social Media Balanced Scorecard (SMBSC) auf dann sinnvoll ist, wenn das Unternehmen selbst keine ganzheitliche Balanced Scorecard besitzt. Es kann zunächst eine SMBSC entwickelt werden, z. B. um in allen Unternehmen eines Konzerns eine gemeinsame Vorgehensweise bzgl. der Unternehmenskommunikation im Social Web sicherzustellen, um erst danach eine Corporate BSC zu entwickeln.

Der Nutzen der BSC speziell im Marketingbereich kann im Vorantreiben der quantitativen Ergebnismessung liegen. Sie kann als Instrument des quantitativen Marketingcontrollings verwendet werden. Eine SMBSC, die den Bereich Marketing darstellen soll, hat das Ziel, ihn unabhängig darzustellen und seine Ergebnisse deutlich zu machen. Daneben kann das Marketing mit Hilfe der SMBSC überprüfen, welche Strukturen und Prozesse im Marketingbereich existieren und welche Kosten hierbei anfallen. Allein durch dieses zielgerichtete Durchleuchten des gesamten Bereichs wird die Transparenz gefördert und die Effizienz der Aktivitäten erhöht. Darüber hinaus erfordert das Aufstellen einer SMBSC eine quantitative Konkretisierung der Marketingstrategie in mehreren Dimensionen.

Ableitung der Social Media-Marketing Balanced Scorecard aus der Corporate Balanced Scorecard

Das Herunterbrechen einer übergeordneten Corporate BSC auf die Funktionsbereichsebene, z. B. auf die Social Media-Marketingebene, ist in der Praxis nicht trivial. Grundsätzlich ist die untergeordnete SMBSC in der Situation des Erfüllungsgehilfen der ihr übergeordneten Corporate BSC. Dies bedeutet, dass sie zur Verwirklichung der Ziele der Corporate BSC beitragen muss. Daraus resultiert, dass die Corporate BSC der SMBSC ihre strategischen Ziele für die einzelnen Perspektiven vorgibt. Diese strategischen Unternehmensziele werden je nach Beeinflussbarkeit durch den Marketingbereich weiter konkretisiert und in Kennzahlen übersetzt. Eine mittelbare Beeinflussbarkeit liegt dann vor, wenn die Unternehmensziele in der (Social Media)-Marketing-Strategie, dem obersten Maßstab einer SMBSC, enthalten sind. Nach Ableitung der SMBSC aus der Corporate BSC ist es ratsam, die Verträglichkeit und Kompatibilität dieser BSC mit den Bereichs-BSCs aus anderen Fachbereichen zu überprüfen.

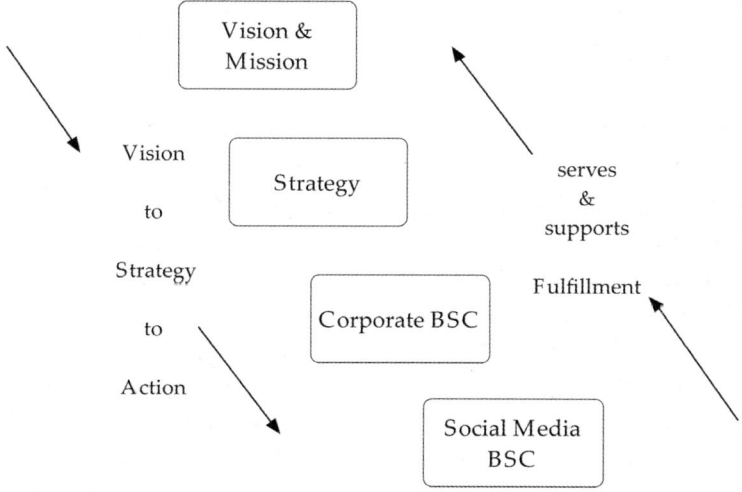

Abbildung 28: Die Einordnung der SMBSC

Beispiel: Die Kundenperspektive in der Social Media Balanced Scorecard

Die Kundenperspektive einer Corporate BSC, wie auch einer SMBSC, beinhaltet die durch das Management identifizierten Kunden- und Marktsegmente, in denen das Unternehmen sich dem Wettbewerb stellen will. Die dahinter stehende Unternehmensstrategie kann den Fokus auf Produktführerschaft, operationaler Exzellenz oder auf Kundennähe legen. Social Media hat nun die Aufgabe die Unternehmensstrategie mit seinen Mitteln zu unterstützen. Die Leistungstreiber (KPIs) wie auch die Ergebnissmessgrössen (PI = Performance Indicator) können idealerweise aus der Corporate BSC übernommen werden, d.h. dass für den Bereich Social Media nach Möglichkeit keine „neuen" KPIs geschaffen werden sollten.

5.4   Die klassischen Perspektiven der BSC nach Kaplan und Norton

Die Entwicklungsmöglichkeiten eines Unternehmens hängen zunehmend von weichen Faktoren ab: der Einsatzbereitschaft, Lernfähigkeit, Innovationskraft und Kommunikationsfähigkeit der Mitarbeiter, der vollen Ausnutzung der Möglichkeiten der Informationsgesellschaft und deren Medien sowie der Kontinuität und laufenden Verbesserung der partnerschaftlichen Beziehung zu Kunden und Lieferanten. Eine erfolgreiche Unternehmensführung in diesem geänderten Umfeld zeichnet sich durch eine Berücksichtigung der kritischen Erfolgspotenziale aus. Diese Erfolgspotenziale müssen gesucht, identifiziert und intensiv betreut werden. Um aber ein Unternehmen erfolgreich zu führen, ist eine Gesamtbetrachtung dieser für das jeweilige Unternehmen relevanten Erfolgsfaktoren notwendig. Der ursprüngliche Ansatz der BSC besteht darin, dass vier Blickrichtungen geschaffen und in ihren Zusammenhängen untersucht werden. Dazu zählen die Kundenperspektive, die Perspektive der internen Geschäftsprozesse, die mitarbeiterbezogene Lern- und Entwicklungsperspektive und die finanzielle Perspektive.

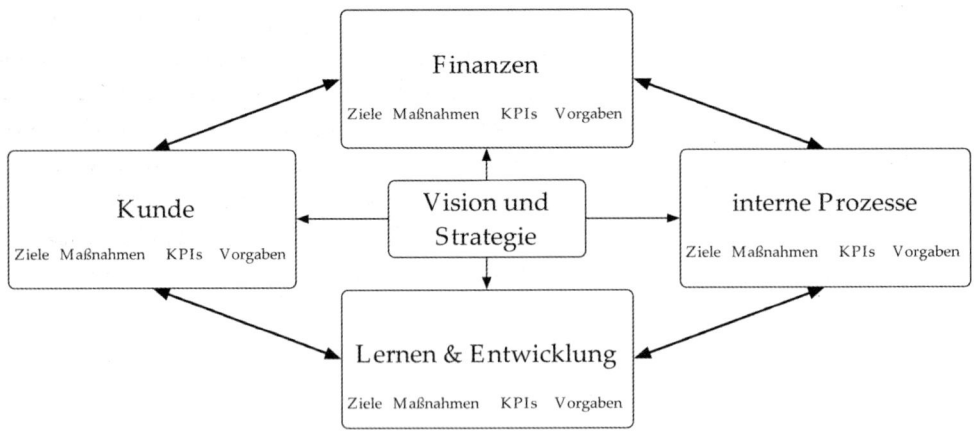

Abbildung 29:   Die vier Perspektiven der Balanced Scorecard

Die **finanzwirtschaftliche Perspektive** enthält klassische finanzielle Kennzahlen, die sehr hilfreich für einen Überblick über die wirtschaftlichen Konsequenzen früherer Aktionen wertvoll sind. Sie geben Auskunft über die Rentabilität einer Unternehmung und werden durch Kennzahlen wie z. B. Kapitalrendite, Cash Flow, Umsatzwachstum oder Gewinn ausgedrückt. Social Media kann hier verschiedentlich beitragen, sei es durch Traffic-Generierung, Lead-Generierung, nachweisbarer Beeinflussung von Kaufentscheidungsprozessen, Kostenreduktion im Bereich im Kundendienst uvm.

In der **Kundenperspektive** werden Ziele zu Kunden- und Marktsegmenten definiert sowie Kennzahlen zur Leistung des Unternehmens oder der Abteilung in diesen Marktsegmenten festgelegt. Wichtig ist, dass Kennzahlen gewählt werden, die als Leistungstreiber für das Kunden- und Marktsegment gelten. Wenn z. B. Kunden wegen langer Lieferzeiten abwandern, so ist es ratsam auf schnelle Durchlaufzeiten und Liefertreue zu achten und diese als Indikatoren zu wählen. Kundenzufriedenheit, Kundentreue, Kundenrentabilität sowie Gewinn- und Marktanteile sind weitere typische Indikatoren der Kundenperspektive. Social Media-Monitoring liefert gerade für die Kundenperspektive zahlreiche Indikatoren, die Kennzahlen wie Customer Lifetime Value (CLV), Customer Retention und Customer Satisfaction Score oder Net Promoter Score unterstützen.

Die **interne Prozessperspektive** identifiziert Prozesse, die ein Unternehmen zur Erreichung von optimaler Kundenzufriedenheit verbessern und überwachen sollte. Die Kennzahlen konzentrieren sich auf die internen Prozesse, die den größten Einfluss auf die Unternehmenszielerreichung haben. Dazu zählen auch Innovationsprozesse, die vollkommen neue Produkte und Dienstleistungsideen hervorbringen sollen und die sich erst langfristig zu Wertreibern entwickeln. Hier kann Social Media im internen Einsatz (siehe Kap. 1.10) einen wichtigen Beitrag leisten.

Die **Lern- und Entwicklungsperspektive** identifiziert die notwendige Infrastruktur, die langfristiges Wachstum und Verbesserung sichern soll. Eine lernende und wachsende Organisation lebt von drei Faktoren: Menschen, Systeme und Prozesse. Damit das Unternehmen in der Lage ist die in den ersten drei genannten Perspektiven gesetzten Ziele zu erreichen, sind Investitionen in Weiterbildung, effiziente und effektive IT-Systeme und Prozesse notwendig. Diese Ziele werden in der Lern- und Entwicklungsperspektive formuliert und können mit Kennzahlen wie z. B. Mitarbeiterzufriedenheit, Firmenzugehörigkeit, Training und Ausbildung (z. B. Mitarbeiterzertifzierungen) gemessen werden. Auch in dieser Perspektive können interne Soziale Netzwerke erheblich zum Erfolg beitragen (siehe Kap. 1.10).

5.4.1 Die Perspektiven der Balanced Scorecard im Detail

Bei der Entwicklung der Perspektiven kann man deren Art und Anzahl direkt top down von der Corporate BSC auf die SMBSC übertragen. Eine andere Möglichkeit besteht darin, vom Marketingbereich auszugehen und für diesen Bereich unter Berücksichtigung der Besonderheiten des Social Media-Marketings die Perspektiven der SMBSC abzuleiten. Die von Kaplan und Norton vorgeschlagene BSC mit den vier Perspektiven Finanzen, Kunden, Prozesse sowie Lernen und Entwickeln darf dabei nicht als ein enges Korsett gesehen werden. Es lässt sich keine universelle BSC entwickeln, die standardmäßig für alle Unternehmen oder eine ganze Branche angewandt werden kann. Je nach Marktstellung und -situation, Produktstrategie oder Wettbewerbsverhältnissen muss die BSC gemäß der Unternehmensvision, Strategie, Technik und Unternehmenskultur angepasst werden.

5.4.1.1 Die Finanzperspektive

Eine Balanced Scorecard sollte ein Unternehmen dazu befähigen, Geschäftseinheiten mit den finanziellen Zielen des ganzen Unternehmens zu verknüpfen. Die finanzwirtschaftliche Perspektive dient als Fokus für die Ziele und Kennzahlen aller anderen Scorecard Perspektiven und ihr wird daher,   entgegen der Annahme der Ausgewogenheit zwischen den Perspektiven, letztendlich doch ein höherer Stellenwert beigemessen als den anderen Perspektiven.

Jede Kennzahl sollte ein Teil der Kette von Ursache und Wirkung sein, die letztendlich zur Verbesserung der finanziellen Leistung des Unternehmens führt. Die Scorecard sollte eindeutig die Strategie widerspiegeln, angefangen bei den langfristigen finanziellen Zielen, diese dann mit den notwendigen Maßnahmen für finanzielle Prozesse, Kunden, interne Prozesse sowie Mitarbeiter und Systeme verknüpfen, um nachhaltig die angestrebte wirtschaftliche Leistung zu erbringen. Für die meisten Organisationen stellen finanzwirtschaftliche Themen wie wachsende Umsätze, Kostensenkung und Produktivitätsverbesserung, bessere Anlagennutzung und Risikoreduktion die notwendigen Bindeglieder zwischen allen Scorecard-Perspektiven dar. Ist also sinnvoll, sich immer wieder gedanklich von der Social Media-Welt zu lösen und zu aktzeptieren, dass es darum geht die übergreifenden Ziele einer Organisation in all seinen Perspektiven zu Unterstützen.

Viele Unternehmen setzen trotz unterschiedlicher strategischer Ziele für alle Bereiche und Geschäftseinheiten identische finanzielle Ziele, wie z. B. eine einheitliche Kapitalrendite von 12%, an. Dies erleichtert zwar die Vergleichbarkeit der Geschäftsbereiche, berücksichtigt aber nicht die unterschiedlichen strategischen Aufgaben und Ziele der jeweiligen Einheiten. Es ist also unwahrscheinlich, dass eine finanzielle Messgröße für ein breiteres Spektrum von Geschäftseinheiten geeignet ist. Wenn also mit der Entwicklung der finanzwirtschaftlichen Perspektive begonnen wird, müssen Führungskräfte der Geschäftseinheit die passenden finanziellen Messgrößen für ihre jeweilige Strategie bestimmen. Die finanzwirtschaftlichen

Ziele spielen somit eine Doppelrolle, denn einerseits definieren Sie die finanzielle Leistung, die von der Strategie erwartet wird, andererseits sie die Endziele für die Ziele und Kennzahlen der anderen Scorecard-Perspektiven. Die Finanzperspektive der SMBSC gibt Antwort auf die Frage, wie das Social Media-Marketing von ihren Kapitalgebern gesehen wird oder wie das Social Media-Marketing zum Fortbestehen des Unternehmens beitragen kann.

5.4.1.2 Die Kundenperspektive

Auch die Kundenperspektive beschäftigt sich mit der externen Sicht auf das Unternehmen. Es geht darum, wie das Unternehmen wahrgenommen wird und welches Angebot den Kunden gemacht werden soll, um finanzielle Ziele zu erreichen. Die Bestimmung dieses Produkts oder Services bildet den zentralen Kern jeder Strategie. Das Produkt oder der Service setzen sich aus einem Mix bestehend aus vom Kunden gewünschten Produkt- und Servicemerkmalen, Kundenbeziehungen und dem Image des Unternehmens zusammen. Das Angebot ist also Resultat eines Marketing-Mixes mit Entscheidungen über die Kommunikationspolitik (Image), Service- und Distributionspolitik (Gestaltung der Kundenbeziehungen) und Produkt- und Preispolitik (Produkteigenschaften mit Preis). Dieser Mix bestimmt auch, wie das Unternehmen sich selbst von seinen Marktbegleitern abheben will, um Beziehungen zu den avisierten Kunden aufzubauen, zu pflegen und vertiefen. Problematisch bei dieser Perspektive kann die Entscheidung über ein konkretes Produkt- und Serviceangebot an den Kunden sein. Dies führt im Marketing die Notwendigkeit von Marktforschern und Außendienstmitarbeitern, die auf die Erforschung von Kundenwünschen geschult sind, deutlich vor Augen. Im Social Media-Marketing fällt dem Social Media Monitoring & Analytics diese wichtige Aufgabe zu.

Die Kundenperspektive ist der Ausgangspunkt der internen Prozessperspektive, d.h. die Kunden bestimmen das Angebot, woraufhin das Unternehmen seine internen Prozesse so aufeinander abstimmt, dass das Unternehmen besser auf die Wünsche und Anforderungen seiner Kunden eingehen kann.

5.4.1.3 Die interne Prozessperspektive

In der internen Prozessperspektive werden diejenigen Prozesse abgebildet, die besonders wichtig sind, die Ziele der Finanzperspektive und der Kundenperspektive zu erreichen. Es geht also darum, Mittel und Wege zu bestimmen, welche das Social Media-Marketing einschlagen muss, um den Kunden ein klar unterscheidbares Wertangebot vorzulegen und um soweit möglich Effizienzverbesserungen erreichen zu können. Social Media-Marketing, gekoppelt mit den Erkenntnissen des Social Media Monitoring & Analytics können alle Glieder der Wertschöpfungskette unterstützen. Die Wertschöpfungskette lässt sich anhand des generischen Wertkettenmodells von Kaplan und Norton, wie in Abb. 23 gezeigt, darstellen.

Der erste Teilprozess, der Innovationsprozess, wird durch Marktforschung durch den Einsatz von Social Media Monitoring Tools und Prozesse beherrscht. Der Beginn der internen Prozessperspektive liegt bei der Marktidentifizierung. Da die Prozesse dieser Perspektive Leistungstreiber für die Kunden und Finanzperspektive sind, deren Ergebnisse zeitlich voraus laufen, können in der internen Prozessperspektive alle Aktivitäten des Social Media-Marketings, unterstützt vom Social Media Monitoring, von der Identifikation des Kundenwunsches bis zu dessen Befriedigung dargestellt werden. Ob diese Prozesse erfolgreich verlaufen sind, zeigt sich an den Ergebniskennzahlen der Kunden- und Finanzperspektive. Neben der Marktsegmentierung und der Identifikation des Kundenwunsches ist die Produktinnovation und -entwicklung ein weiterer wichtiger Prozess. Social Media-Marketingaktivitäten beim Innovationsprozess sind also Marktforschung, Marktsegmentierung und Produktpolitik im Sinne von Produktinnovationen.

5.4.2   Social Media im Einklang mit den 4Ps (Product, Price, Place, Promotion)

Es können hier auch alle Prozesse der Produktpolitik inklusive Produktvariation und -eliminierung einbezogen werden. Im darauf folgenden Betriebsprozess geht es im Unternehmen um die Herstellung und Auslieferung des Produktes. Das Social Media-Marketing ist hier unterstützend für die Vermarktung und den Verkauf des Produktes oder der Dienstleistung an die identifizierten Kunden zuständig. Neben der Preispolitik ist dabei vor allem die Kommunikationspolitik und Distributionspolitik als Instrument einzusetzen. Da hiervon nicht nur interne Abteilungen, sondern auch externe Dienstleister betroffen sind kann das Supply Chain Management (SCM) eingesetzt werden. Beim SCM kann das Social Media-Marketing über die Distributionspolitik das Management der Vertriebswege und des Kunden-Service betreuen, z. B. per Twitter oder der Integration von Support-Apps in Facebook.

Im Kundendienstprozess werden nicht nur die Zuordnung von eingehenden Serviceanfragen zu den im Unternehmen entsprechenden Ansprechpartnern geregelt, sondern auch Garantiearbeiten, Kundenbeschwerdemanagement sowie der Zahlungsprozess eingeschlossen. Dieser Prozess geht daher über den reinen Kundendienstaspekt hinaus sondern beschäftigt sich auch mit Fragen der Konditionen- und Servicepolitik. Da dieser Prozess zeitlich am Ende der Wertschöpfungskette steht, kann er nicht einfach als Prozess des Kundenbeziehungsmanagements schlechthin betrachtet werden. Das Kundenbeziehungsmanagment oder Customer Relationship Management (CRM), umfasst vielmehr alle drei Teilprozesse. Dies fängt bei der Identifizierung potentieller Neukunden (Leads) an und geht über die Bestimmung der Nachfrage über die Entwicklung und Ausführung von Werbe-, Promotions- und Serviceprogrammen bis hin zur Erfassung von Pflege von Kundendaten und zu Steuerung des Vertriebs. Je nach verfolgter Strategie, die wiederum in Abhängigkeit der Umweltsituation und Kernkompetenzen des Unternehmens festgelegt wurde, muss das Unternehmen in einem anderen der drei Teilprozesse hervorragend sein. Die Integration von Social Media Insights kann hier einen sehr wichtigen Beitrag leisten. Dies gilt sowohl für die Identifikation von Leads, die Bestimmung der Nachfrage durch die Analyse von Kundenmeinungen im Netz, der gezielten Ausführung von Werbe- Promotions- und Servicekampagnen auf den gewählten Social Media-Kanälen und auch die Pflege von Kundendaten (z. B. automatisierter Abgleich des Adress-Stamms auf XING mit dem internen Stammdaten z. B. auf Salesforce im B2B Bereich; (legale) Verknüpfung von (öffentlichen) Social Media-Profilen mit den im CRM-System hinterlegten Kundendaten.

5.4.2.4 Lern- und Entwicklungsperspektive

Leistungstreiber für die interne Prozessperspektive, wie auch die Kunden und Finanzperspektive, ist die Lern- und Entwicklungsperspektive. Diese Sicht auf das Unternehmen, auch Mitarbeiter, Wachstums-, Innovations- oder Potentialperspektive genannt, ist die Grundlage jeder Strategie. Sie beschreibt die Kernkompetenzen, die Technologien und die Unternehmenskultur, die als Leistungstreiber für den finanziellen Erfolg dienen sollen. Somit ist dieser Blickwinkel von strategischer Relevanz für das Unternehmen, da sie den Ausgangspunkt jeden Wandels im Unternehmen darstellt und damit die Zukunft des Unternehmens sichert. Die Lern- und Entwicklungsperspektive enthält jene immateriellen Werte, die notwendig sind, um die internen Aktivitäten und Kundenbeziehungen zum finanziellen Erfolg zu führen. Bei der SMBSC sind dabei neben Informationssystemen (z. B. Monitoring und Reporting) und (Kunden-) Datenbanken, genauso wie Follower und Fans auf Twitter, Facebook-Pages, Gruppen in XING oder LinkedIn, RSS- und Newsletterabonnenten auch noch andere, sogenannte weiche Faktoren wichtig. Diese sind z. B. die Fachkenntnisse der Mitarbeiter und deren Motivation durch die Unternehmenskultur.

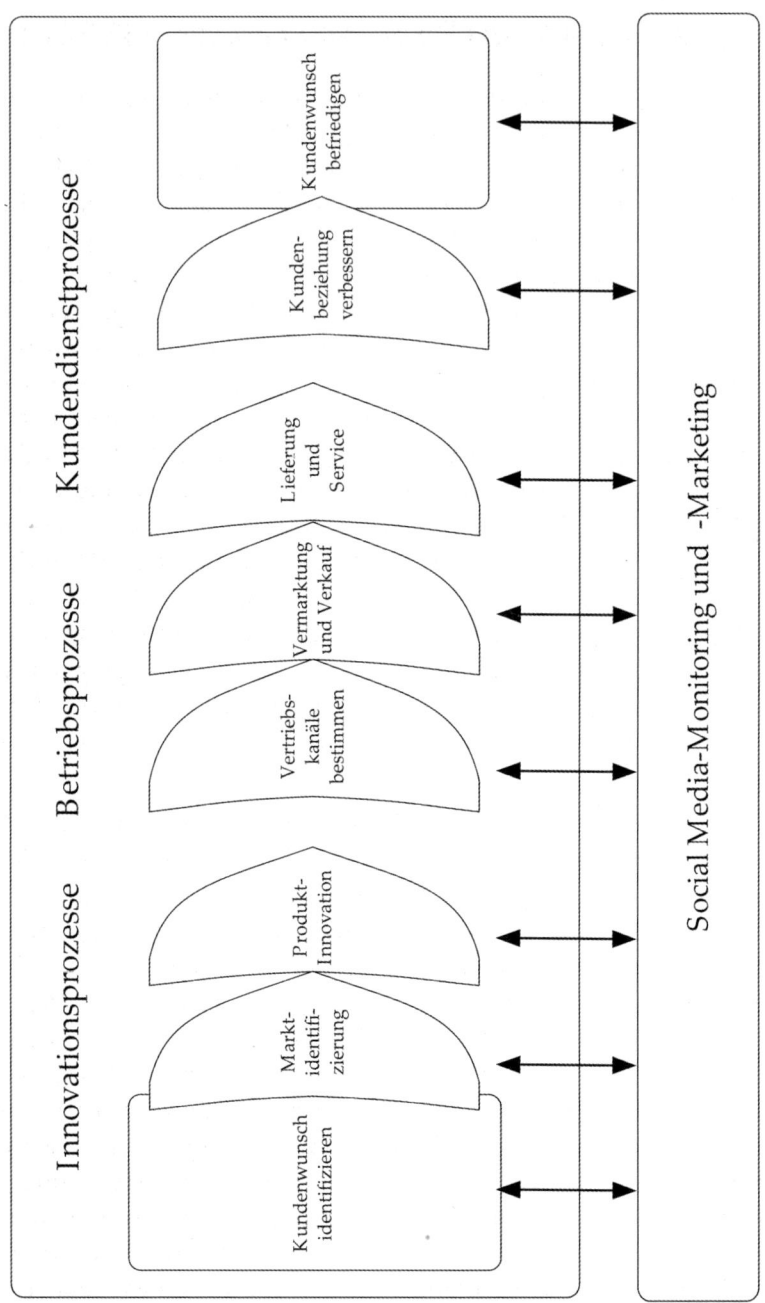

Abbildung 30:   Social Media im Wertkettenmodell

5.5   Einführung der Social Media Balanced Scorecard (SMBSC)

Die BSC versteht sich in erster Linie als ein Instrument zur Präzisierung von Strategien. Bereits eine allgemeine Definition für den Begriff „Strategie" zu finden ist schwierig und oftmals werden taktische Handlungsempfehlungen fälschlicherweise als „Social Media-Strategie" angepriesen. Vielleicht wird auch deswegen die Auseinandersetzung mit der Strategie beim Einsatz der BSC als Performance Measurement-Konzept häufig vernachlässigt. Dabei sollte der Grundstein zur Erstellung einer BSC die Entwicklung oder Konkretisierung einer Strategie sein; für die SMBSC also die Entwicklung oder Konkretisierung der Marketingstrategie im Social Web. Die Entscheidung über die Unternehmensstrategie muss dabei von der Unternehmensführung getroffen werden. Die beinhaltet auch Entscheidungen über das Angebot an den Kunden und die anvisierten Marktsegmente. Es besteht also Koordinationsbedarf zwischen Unternehmensstrategie und Marketingstrategie, da diese die Zielmärkte, Angebote und Marktpositionierung festlegen. Diese Überschneidung von Entscheidungskompetenzen kommt in der Realität nicht häufig vor, da eine explizit ausformulierte Unternehmensstrategie oft nicht vorhanden ist. Es herrscht kein Mangel an quantitativen und qualitativen Kennzahlen, jedoch oft eine übergeordnete Unternehmensstrategie. Ist eine Ableitung einer (Social Media) Marketing-Strategie aus übergeordneten Strategievorgaben nicht möglich, kann diese zuerst entwickelt und später eventuell auf die Unternehmensebene ausgedehnt werden.

Die Social Media-Marketing-Strategie könnte „Effizienz und Effektivität im Marketing lauten". Durch diese Strategieformulierung können übergeordnete Strategieelemente, wie zum Beispiel Produktivitäts- und Ertragswachstumsstrategie (Shareholder Value), direkt mit einbezogen werden. Die Strategie der Ertragssteigerung entspricht nach der oben genannten Strategieformulierung die Strategie der „Effektivität", d.h. die Fähigkeit vergleichbare Marketingaktivitäten besser als der Wettbewerb auszuführen. Die Strategie der Effizienzsteigerung entspricht der „Effizienz im Marketing", d.h. den wirtschaftlichen Einsatz der Marketing-Instrumente. Bei der Strategie zur Effizienzsteigerung geht es vor allem um die wirtschaftliche Ausführung der Marketing-Aktivitäten in den bestehenden Kundenbeziehungen. Dies kann durch Reduzierung der Bemühungen bei wenig rentablen Kunden, durch Ausnutzung von Synergieeffekten durch integrierte Kommunikation und generell durch die Optimierung des Marketing-Mixes erreicht werden. Die verschiedenen Marketing-Instrumente sind aufeinander abzustimmen, dass sich eine optimale Kombination im Hinblick auf das verfolgte Kostenziel ergibt. Diese Strategie der Effizienzsteigerung ist nicht mit der Kostenführerstrategie gleichzusetzen, da für die letztere niedrige Preise charakteristisch sind, was bei der Effizienzsteigerung nicht notwendigerweise der Fall sein muss.

Bei der Strategie zur Umsatzsteigerung kann der Schwerpunkt auf die Erschließung neuer Märkte, die Einführung neuer Produkte oder die Gewinnung neuer

Kunden auf dem heimischen Markt gelegt werden. Bei letzterem kann das Wachstum z. B. aus dem Upgrading vorhandener Produkte, besserem Kundenmanagement, Cross-Selling oder auch dem Verkauf von Leistungspaketen, anstatt einzelner Produkte entstehen. Für all diese Entscheidungen ist zunächst intensiv Marktforschung (z. B. Beispiel durch Social Media Monitoring) zu betreiben, um die Kosten des Markteintritt, der Produktinnovation oder intensiven Anwerbung von Kunden den zusätzlichen Absatzchancen gegenüberstellen zu können. Problematisch war bei der Strategieentscheidung neben dem notwendigen Einsatz von Prognosen bzgl. Absatzmengen und anfallenden Kosten auch der lange Zeithorizont. Dies traf vor allem bei der Erschließung neuer Märkte und die Entwicklung neuer Produkte zu. Außerdem hat die Zeitverzögerung zwischen anfallenden Kosten im Marketing, z. B. beim Aufbau einer Marke und den später eintretenden Umsatzzuwächsen zur Folge, dass die im Vorhinein notwendigen Kosten evtl. nicht gebilligt werden, nur um kurzfristig mehr Gewinn zu machen. So kommt es dann eher zu kurzfristigen Rabattaktionen als zu langfristigen Investitionen im Markenaufbau. Genau hier liegen große Vorteile des durch kontinuierliches Monitoring begleiteten Social Media-Marketing: Die Überwindung von Zeit. Da das Konzept der BSC eine Ausgewogenheit zwischen langfristigen (z. B. Unternehmenswachstum) und kurzfristigen Zielen fordert, sollten die beiden Strategien Umsatzwachstum und der Effizienzsteigerung in den Finanzperspektiven auch in der SMBSC enthalten sein. Das Social Media-Marketing darf seine Zielformulierung also nicht nur auf Umsatzwachstum begrenzen, sondern darf auch die zugehörigen Kosten, die durch unwirtschaftlichen, nicht koordinierten Einsatz der Marketing-Instrumente steigen, nicht ignorieren.

5.5.1 Ziele

Aus einer exemplarischen Marketingstrategie „Effektivität und Effizienz im Marketing" werden für jede perspektive strategische Ziele abgeleitet. Dabei werden potentielle Zielkonflikte, wie z. B. zwischen „Kostensenkungen im Marketing" und „Steigerung des (kostenintensiven) Neukundenanteils" offensichtlich. Die strategischen Ziele sollten klassischerweise zeitlich für drei bis fünf Jahre festgelegt werden – da der Bereich des Social Media-Marketings bisher nur wenige Benchmarks und Erfahrungen hervorgebracht hat, scheint dies etwas zu weit gegriffen, so dass ein Zeitraum von 1-3 Jahren als praktikabler erscheint. Inhaltlich sollten die Ziele, d.h. die langfristig anzustrebenden Sollzustände einer BSC, eine außerordentliche und herausfordernde Leistung für jeden Funktionsbereich darstellen.

5.5.1.1 Ziele der Finanzperspektive

Auch wenn die Hauptziel des Social Media-Marketings bisher i. d. R. nicht der Unternehmensgewinn, sondern die Unterstützung der Unternehmenskommunikation und des Marketings bei der Vermarktung der Produkte war, müssen auch in einer SMBSC finanzielle Ziele enthalten sein. Als Ziele der Finanzperspektive können im Social Media-Marketing unter anderem Umsatzziele festgelegt werden, da das Social Media-Marketing diese über Preispolitik (spezielle Coupon-Aktionen und Rabatte für Community-Mitglieder), Kommunikationspolitik und Distributionspolitik direkt beeinflussen kann und damit auch auf den finanziellen Erfolg des Unternehmens einwirken. Weitere denkbare Ziele der Social Media-Marketing-Finanzperspektive wären auch die anderen klassischen ökonomischen Ziele des Marketings, wie die Gewinnsteigerung und die Kostensenkung. Die Entscheidung darüber, welche Ziele verfolgt werden, hängt von der definierten Strategie (Effizienz und Umsatzwachstum) und dem Lebenszyklus der Produkte ab. Bei Produkten in der Endphase ihres Lebenszyklus kann der Gewinn nicht mehr über Preiserhöhungen erzielt werden, d. h. es rücken Ziele der Kostensenkung in den Vordergrund. Bei der Erschließung neuer Märkte oder der Einführung neuer Produkte wiederum können Ziele wie Marktführerschaft, d.h. Umsatzziele, sinnvoll sein. In jedem Fall müssen einerseits Interdependenzen zwischen finanziellen Zielen (z. B. Umsatz und Gewinn) beachtet werden, andererseits darf auch nicht vergessen werden, dass das Marketing nur einen Teil des Unternehmensgewinns (über den Umsatz und die eigenen Kosten) beeinflussen kann. Daher sind Gewinnziele nur bedingt zur Steuerung geeignet.

5.5.1.2 Ziele der Kundenperspektive

Vordergründig könnte man meinen, dass es in Bezug auf die Kundenperspektive der SMBSC vorwiegend um die Verfolgung psychologischer Ziele analog zu jenem der Kommunikationspolitik (Aufmerksamkeit, Bekanntheit, positive Einschätzung, Bevorzugung, Image, Kaufabsicht) geht. Doch obwohl natürlich die Steigerung des Bekanntheitsgrads durch möglichst viele Fans und Follower und das Image und der Ruf im Social Web wichtige Ziele sind, werden die strategischen Ziele der Kundenperspektive meist allgemeiner und weniger psychologisch gehalten. Sie können zum Beispiel „Steigerung des Marktanteils", „Erlangung der Marktführerschaft" oder „Erweiterung der Absatzmärkte" zum Inhalt haben. Die Entscheidung für das konkrete Ziel ist wieder abhängig von der Strategie der Produktsituation. Doch das Hauptziel der Kundenperspektive in einer SMBSC ist die Steigerung oder Erhaltung der Kundenzufriedenheit zu sehen. Zufriedene Kunden sind sehr loyal und kaufen regelmäßig. Sie sichern dem Unternehmen somit ein finanzielles „Grundrauschen", also eine dauerhafte Absatzbasis und stellen einen bedeutenden Wert, den sogenannten Kundenstamm, dar. Zufriedene Kunden wechseln nicht so schnell zur Konkurrenz, d. h. ein Unternehmen gewinnt durch sie einen größeren preispolitischen Spielraum und wird gegen Angriffe der Konkurrenz geschützt. Auch für neue Produkteinführungen ist ein zufriedener Kundenstamm notwendig, sind diese doch eher geneigt, auch zu anderen Produkten aus dem Sortiment zu greifen. Ein weiterer Grund für die Zielsetzung der Kundenzufriedenheit ist die kostenlose Propaganda, mit der die Kunden ihre Kundenzufriedenheit mitteilen. Diese kostengünstige Art der Mundpropaganda (engl.

Word-of-Mouth, kurz: WOM) ist extrem glaubwürdig und zieht andere (Neu-) Kunden an. Was aber am wichtigsten ist: die Kundenzufriedenheit hat einen direkten, empirisch belegten Einfluss auf die Ziele der Finanzperspektive und damit den finanziellen Unternehmenserfolg. Eine gelungene Unternehmenskommunikation im Social Web gepaart mit Maßnahmen wie „Frühwarnsystemen" zur rechtzeitigen Wahrnehmung von dysfunktionaler Kommunikation über das Unternehmen und seine Produkte und Mitarbeiter sind daher unmittelbar mit dem finanziellen Erfolg oder Misserfolg eines Unternehmens verknüpft. Zahlreiche Negativbeispiele wie u. a. der Kryptonite-Hack auf YouTube und auch positive Beispiele „Telekom_hilft" auf Twitter zeigen die Relevanz von Social Media für die Strategischen Ziele der Kundenperspektive.

5.5.1.3 Ziele der internen Prozessperspektive

Das Ziel der internen Prozessperspektive ist es all jene erfolgskritischen Prozesse im Social Media-Marketing zu identifizieren, die zur Steigerung der Kundenzufriedenheit und des Umsatzes notwendig sind. Die Ermittlung und Unterstützung dieser kritischen Marketingprozesse muss bei allen internen Prozessen und zusätzlich bei der Koordination mit externen Dienstleistern wie z. B. Werbe- oder PR-Agenturen und Marktforschungsinstituten, erfolgen. Die Analyse der Prozesse beginnt mit dem Innovationsprozess und erstreckt sich vom Prozess der Planung einer Produktinnovation bis hin zum Feedbackprozess der Wirtschaftlichkeitsanalyse. In allen Teilschritten der Produktinnovation bis hin zur Verpackungsmittelgestaltung geht es darum, das gewünschte Produkt so zu entwerfen, dass es sowohl zu Steigerung des Kundennutzens als auch zur Unterstützung der finanziellen Ziele des Unternehmens beiträgt. Bei der Analyse des Betriebsprozesses ist für das Social Media-Marketing nicht die Herstellung der Produkte, sondern der gesamte Vermarktungsprozess der Produkte und Dienstleistungen wichtig. Betroffen sind hier vor allem die Bereiche Kommunikations-, Distributions- und Kontrahierungspolitik. Es erfolgt eine Analyse der einzelnen Prozesse der Werbeplanung, der Planung von Sales Promotions, der Verkaufsplanung sowie der Planung von Preisänderungen auf

Umsatzsteigerungen bzw. Kosteneinsparungen. Schließlich muss noch der Serviceprozess auf die Ziele der Kundenperspektive hin analysiert werden. Beim Serviceprozess muss entschieden werden, welche Zusatzangebote vom Kunden gewünscht und auch finanziell honoriert werden.

5.5.1.4 Ziele der Lern- und Entwicklungsperspektive im Social Media-Marketing

Der Kausalzusammenhang zwischen Mitarbeiter- und Finanzperspektive und die Möglichkeit der Ableitung der Ziele der Mitarbeiterperspektive auf jenen der anderen Perspektive ist durchaus strittig und keineswegs trivial. Ziele wie die Steigerung der Mitarbeiterzufriedenheit können vor allem in Dienstleistungsunternehmen eingesetzt werden, in denen das Mitarbeiterverhalten eine zentrale Rolle zur

Erklärung der Kundenzufriedenheit einnimmt, da dies vom Kunden direkt wahrgenommen und beurteilt werden kann. Während Kaplan und Norton mit Zielen zur Steigerung der Mitarbeiterzufriedenheit die Mitarbeitertreue und -produktivität und damit direkt den Unternehmenserfolg beeinflussen wollen, ist in der Wissenschaft umstritten inwieweit Personal-Management überhaupt einen Beitrag zum finanziellen Unternehmenserfolg leisten kann. Jedoch ist der Zusammenhang von Mitarbeiterzufriedenheit, Servicequalität und Kundenzufriedenheit nicht von der Hand zu weisen.

Neben dem Ziel der Steigerung der Mitarbeiterzufriedenheit sind weitere mögliche Ziele die Steigerung der Motivation der Mitarbeiter, ihres fachlichen Know-hows sowie die Schaffung eines innovativen Betriebsklimas. Auch hier erscheint es offensichtlich, dass zufriedene, motivierte Mitarbeiter in einem innovativen Betriebsklima eher erfolgreiches Marketing betreiben als unter schlechten Rahmenbedingungen. Im nächsten Schritt müssen für die einzelnen Perspektiven abgeleitete Ziele in Kennzahlen umgesetzt werden. Dabei können mehrere Ziele durch eine Kennzahl vertreten werden, z. B. kann die Mitarbeiterzufriedenheit die Ziele der Motivationssteigerung sowie der Schaffung eines guten Betriebsklimas darstellen. Ein Ziel (z. B. die Steigerung der Mitarbeiterzufriedenheit) kann auch durch mehrere Kennzahlen (z. B. Fluktuationsrate und Krankheitstage) gemessen werden.

Betrachten wir also die verschiedenen strategischen Ziele der unterschiedlichen Perspektiven, so lassen sich höchst individuelle SMBSCs erstellen. Die im Folgenden vorgestellten Social Media-Balanced-Scorecards sind als Beispiele zu verstehen und sollten nicht ungeprüft in die Praxis übernommen werden. Es ist empfehlenswert zuerst eine individuelle Stategy Map zu gestalten, die Ursache-Wirkungs-Ketten und die jeweiligen KPIs herauszuarbeiten und daraus eine dem Unternehmen und seiner Marktsituation entsprechenden SMBSC zu erstellen.

5.5.2   SMBSC für eine Social Media Initial-Strategie

Strategisches Ziel: Management Approval einholen		
Maßnahmen	KPIs	Zielvorgaben/Benchmarks
Strategie & Taktik definieren	Strategie- und Taktik Konzept	Fertigstellung bis Ende Q1/2012
Reifegrad der eigenen Organisation ermitteln	Social Media Readiness Assessment	Durchgeführt bis Ende Q2/2012
Business Plan erstellen	Business Plan	fertig bis Ende Q2/2012
Strategisches Ziel: Social Media im Unternehmen etablieren		
Metriken erarbeiten, Social Media Policy erstellen, Training der Mitarbeiter	Scorecard mit Metriken fertig	fertig bis Ende Q4/2012
	Social Media Policy fertig	fertig bis Ende Q4/2012
	Anzahl der ausgebildeten Mitarbeiter	100 Mitarbeiter trainiert bis Ende Q2/2013
Strategisches Ziel: Social Media im Unternehmen etablieren		
Facebook Page, Firmenblog, Twitter Kanal	# Fans	100.000 Fans bis Ende 2012
	# Blog Beiträge	2 Blog Posts pro Monat
	# Follower	10.000 Follower
Strategisches Ziel: Integration von Social Media in andere Marketingkanäle		
RSS-Feeds, TV, Newsletter	# News-Feed Abonnenten	1000 bis Ende Q2/2013
	# Abonnenten des Firmenblogs	250 bis Ende Q2/2013
	# Facebook-Fans durch TV-Werbung	20.000 zusätzliche Fans bis Ende Q2/2013

Abbildung 31:   SMBSC Social Media Initial-Strategie

5.5.3 SMBSC für eine Folge-Strategie mit Schwerpunkt Kundenservice & Innovation

Strategisches Ziel: Markenpflege und -präsenz im Social Web stärken		
Maßnahmen	KPIs	Zielvorgaben/Benchmarks
Engagement und Dialog mit Fans und Followern ausbauen	# Share of Voice	Fertigstellung bis Ende Q1/2012
	% Engagement / Interaktion	0,3 %
	Reichweite	100.000 pro Beitrag bis Ende Q2/2013

Strategisches Ziel: Kundenzufriedenheitsführerschaft (Bester Service im Netz)		
Aufbau einer Service-Community und promoten von Markenbotschaftern	# aktive Markenbotschafter	5% der Fans/Follower bis Mitte 2012
	% -Satz der durch die Community gelösten Serviceanfragen	75% bis Ende 2013
	Ersparnis Callcenter-Kosten in EUR	Reduzierung der Callcenter-Kosten um 50% bis Ende 2013
	Net Promoter Score	+100%

Strategisches Ziel: Innovationsführerschaft durch Nutzung von Schwarmintelligenz		
Trends aufspüren, Produktmängel frühzeitig erkennen, Innovationsvorschläge systematisch auswerten	# der beobachteten Kernthemen pro Perniode	10 Kernthemen pro Monat
	% Tonalität gegenüber Marke & Produkten	80% pos. Tonalität
	# neue Produktideen	100 neue Produktideen pro Monat

Abbildung 32: SMBSC für eine Folge-Strategie mit Schwerpunkt Kundenservice

5.5.4   SMBSC für eine Folgestrategie mit Schwerpunkt ECommerce

Strategisches Ziel: Umsatzanteil durch Traffic aus Social Media-Kanälen auf 25% erhöhen		
Maßnahmen	KPIs	Zielvorgaben/Benchmarks
Social Media Marketing auf Facebook, Twitter, Youtube, Blogs	# Traffic von Social Media auf Webshop (Unique Users)	25% Traffic über Social Media generieren bis Ende 2012
	# Leads über Social Media	n % des Traffic zu Leads konvertieren
	# Neukunden über Social Media	n Neukunden generieren
VIP Kunden Club	Kundenwert	X EUR
	# Stammkunden	+10% mehr Stammkunden mit Social Media binden
	Anzahl der Produkt- und Kaufempfehlungen von Fans & Followern auf Twitter, Facebook, Youtube, Blog	3% der Käufer nehmen Produktbewertungen/ Kaufbewertungen vor (über Social Media)
Social Ad Kampagnen	Werbewirkung (Impressions)	10% Traffic über Social Ads generieren
	Werbewirkung (Klickrate)	n Unique Users über Social Ads generieren
	Werbeerfolg	% Rentabilität pro Kampagne (Werbeaufwand/ Werbeertrag)

Abbildung 33:   **SMBSC für eine Folge-Strategie mit Schwerpunkt Ecommerce**

5.5.5   SMBSC für eine Folge-Strategie mit Schwerpunkt Online PR

Strategisches Ziel: Einfluss und Reichweite im Social Web erhöhen		
Maßnahmen	KPIs	Zielvorgaben/Benchmarks
Presse Kit, Influencerdatenbank, Redaktionskalender	Strategie- und Taktik Konzept	Fertigstellung bis Ende Q2/2012
	# relevante Kontakte (Influencer)	50 Kontakte bis Ende 2012
	Redaktionskalender fertig	fertig bis Ende Q2/2012
Strategisches Ziel: Formalisierung des Online PR-Prozesses		
Online PR-Plan, Social Media Policy, Mitarbeiter befähigen (Social Media Weiterbildung)	Online PR-Plan bewilligt	bewilligt bis Ende Q4/2012
	Social Media Policy fertig	fertig bis Ende Q4/2012
	Anzahl der ausgebildeten Mitarbeiter	100 Mitarbeiter trainiert bis Ende Q2/2013
Strategisches Ziel: Erfolgsmessung Online-PR		
Budgetcontrolling, Metriken Monitoring & Analytics, Tonalitätsanalyse	Budget bewilligt	Budget bewilligt bis Q4/2012
	# Platzierungen, # Blog Posts, # featured Stories	100 Platzierungen, 50 Blog Posts, 5 featured Stories, bis Q1/2013
	Monitoring & Analytics System ausgewählt und implementiert	System ausgewählt und in Betrieb bis Q2/2013
	% positive Nennungen	75% positive Nennungen bis Ende Q1/2013

Abbildung 34:   SMBSC für eine Folge-Strategie mit Schwerpunkt Online PR

5.5.6   SMBSC für eine Folge-Strategie mit Schwerpunkt KFZ-Absatz über Facebook

Strategisches Ziel: Facebook als KFZ-Absatzmarkt etablieren		
Maßnahmen	KPIs	Zielvorgaben/Benchmarks
Fan (Soft Lead) Akquisition	# Fans	1,5 Mio. neue Fans in 2012
Abgleich Fan Daten (User IDs) mit CRM	# full data sets (Facebook User ID & CRM match)	Beginn in Q3/2012
Identifikation von potentiellen Auto-Kunden (Hard Leads) innerhalb der Facebook Fan Basis (Clusterbildung)	Cluster 1: # Facebook User IDs, 18 Jahre und älter, mit verfügbarem Einkommen	Beginn in Q3/2012 750.000 identifizierte Fans bis Ende 2012
	Cluster 2: # Facebook User IDs, die innerhalb der nächsten 12 Monate einen Führerschein machen werden	Beginn in Q3/2012 100.000 identifizierte Fans p.a.
	Cluster 3: # Facebook User IDs, die innerhalb von Facebook Ihre Freund beim Autokauf um Rat fragen	Beginn in Q3/2012 15.000 identifizierte Fans p.a.
Integration der gebildeten Facebook User Cluster in das Enterprise CRM	# Hard Leads	10.000 Hard Leads
	# Probefahrten	5000 Probefahrten
	# Abgesetzte Einheiten	3500 Fahrzeuge

Abbildung 35:   SMBSC für eine Folge-Strategie mit Schwerpunkt KFZ-Absatz über Facebook

6   Reporting

Zwar weiß ich viel, doch möcht' ich alles wissen.

Faust I (J.W. v. Goethe)

Ein Kennzahlensystem sollte keine isolierte Insel bilden, sondern vielmehr in ein unternehmensweites Controllingsystem integriert sein. Dies schafft sowohl auf der Seite des Controllings wie auch auf der des Marketingmanagements eine größere Akzeptanz und Zufriedenheit mit dem Marketingkennzahlensystem. Kennzahlensysteme an sich treffen keine Entscheidungen und interpretieren sich auch nicht selbstständig. Ob die gesetzten Ziele zur allgemeinen Zufriedenheit erreicht wurden ist keine Frage der Kennzahlen, sondern eine Frage der Kennzahleninterpretation. Dennoch sind Kennzahlen unerlässlich um Marketingeffizienz und -effektivität sicherzustellen. Die Auswahl und Darstellung der Kennzahlen, d.h. die Form des zielgruppenspezifischen Reportings ist dabei eine eigene Disziplin.

Reporting: Varianten beim Gebrauch und bei den Daten von Dashboards

Dashboards, also grafische Ausprägungen von Reports können dafür verwendet werden, viele Arten von Daten und fast jegliche Ziele, die ein Unternehmen für wichtig erachtet, zu überwachen. Es gibt viele Wege Dashboards auf unterschiedliche Arten zu kategorisieren. Welcher Weg am ehesten der visuellen Gestaltung eines Dashboards entspricht, fällt zurück auf dessen Rolle, sei sie strategisch, analytisch oder operativ. Die Eigenschaften der Dashboardgestaltung können angepasst werden, um die Bedürfnisse jeder Rolle zu befriedigen. Während es bestimmte Unterschiede gibt, die z. B. die Gestaltung beeinflussen, gibt es auch viele Gemeinsamkeiten, die alle Dashboards haben und die ein standardisiertes Regelwerk an Gestaltungspraktiken fordern.

Dashboards werden dafür verwendet, ein breites Spektrum an Informationsbedarf abzudecken, indem sie die gesamte Bandbreite der Geschäftsbemühungen umfassen. Dadurch erhält man einen Vorteil, weil man sofort einen Überblick über das bekommt, was sich gerade abspielt. Dashboards können spezifischen Zwecken angepasst werden und eine einzige Person kann von mehreren Dashboards profitieren, von denen jedes einen anderen Aspekt der Arbeit der Person unterstützt. Es macht Sinn, die unterschiedlichen Daten und Zwecke, für die Dashboards zur Unterstützung zu verwenden und diese zu unterscheiden, da sie manchmal je nach Funktionalität Unterschiede im visuellen Design erfordern.

6.1   Kategorisierung von Dashboards

Dashboards können unterschiedlich kategorisiert werden. Egal wie eingeschränkt und fehlerhaft die Bemühungen sind, ist eine Kategorisierung nützlich, da sie dabei hilft, die Vorteile und die vielen Verwendungszwecke des Mediums zu beleuchten.

Variable	Wert
Rolle	Strategisch
	Analytisch
	Operativ
Datentyp	Quantitativ
	Nicht-quantitativ
Daten-Domäne	Sales
	Finance
	Service
	Marketing
	Production
	Human Resources
Kennzahlen-Typen	Balanced Scorecard (z. B. KPIs)
	Six Sigma
	Non-Performance
Datenspanne	Unternehmensweit
	Abteilungsweit
	Individuell (z. B.Task Force)
Update-Frequenz	Monatlich
	Wöchentlich
	Täglich
	Stündlich
	(beinahe) Echtzeit
Interaktivität	Statisches Display
	Interaktives Display (Drill-Down, Filter, etc.)
Display-Mechanismus	Hauptsächlich grafisch
	Hautsächlich Text
	Integration von Grafik und Text
Portal-Funktionalität	Kanal für zusätzliche Daten
	Keine Portal-Funktionalität

Abbildung 36:   Kategorisierung von Dashboard Funktionalitäten

Taxonomien, ein wissenschaftlicher Begriff für Klassifizierungssysteme, basieren immer auf einer oder mehreren Variablen (d. h. Kategorien, die aus mehreren potentiellen Werten bestehen). Zum Beispiel könnte eine Dashboard-Taxonomie, basierend auf der Variablen „Plattform", aus solchen bestehen, die im Client-Server-Modus laufen und aus solchen, die dafür verwendet werden können, um Dashboard-Taxonomien zu strukturieren, samt den potentiellen Werten für jeden einzelnen. Diese Auflistung ist sicherlich nicht vollständig; es ist lediglich ein Versuch, eine Auswahl um das Potential von Dahsboards aufzuzeigen.

Dashboard-Klassifizierung nach Rollen

Eine der vielleicht nützlichsten Arten, ein Dashboard zu kategorisieren, ist die nach seiner Rolle – die Art der Unternehmensaktivität, die sie unterstützt. Das Herunterbrechen des Dashboards in drei Rollen (strategisch, analytisch und operativ) ist sicherlich nicht der einzige Weg, diese Arten der Unternehmensaktivität auszudrücken, die ein Dashboard unterstützen kann. Jedoch ist das die einzige Klassifizierung, die sich erheblich auf die Unterschiede im visuellen Design bezieht.

Dashboards für strategische Zwecke

Dashboards werden heutzutage hauptsächlich zu strategischen Zwecken verwendet. Das beliebte „Executive Dashboard" und auch die meisten Dashboards, die Manager auf allen Ebenen in einem Unternehmen unterstützen, sind strategischer Natur. Sie geben einen schnellen Überblick, den Entscheidungsträger brauchen, um die Gesundheit und die Möglichkeiten des Unternehmens überwachen zu können. Dashboards dieser Art konzentrieren sich auf Performance-Kennzahlen auf hohem Niveau, inklusive Vorhersagen, die einem den Weg in die Zukunft zeigen sollen. Obwohl diese Kennzahlen von kontextabhängigen Informationen profitieren, um deren Bedeutung zu verdeutlichen, so wie Zielvergleiche und kurzer Vorgeschichte, samt einfachen Performance-Bewertern (z. B. gut und schlecht), können zu viele Informationen dieser Art oder einen zu hohen Detaillierungsgrad von den primären und unmittelbaren Zielen der strategischen Entscheidungsträger ablenken.

Sehr einfache Display-Mechanismen funktionieren am besten mit dieser Art von Dashboard. Da das gegebene Ziel eher eine langfristige strategische Ausrichtung hat und keiner unmittelbaren Reaktion auf schnelllebige Veränderungen bedarf benötigen diese Dashboards keine Echtzeit-Daten. Sie profitieren eher von statischen Snapshots, die monatlich, wöchentlich oder täglich gemacht werden. Letztlich sind sie normalerweise uni-direktionale Darstellungen, die einfach den derzeitigen Status-quo aufzeigen. Sie sind nicht für eine Interaktion gemacht, die möglicherweise gebraucht wird, um weitere Analysen zu unterstützen, weil es kaum in der direkten Verantwortung des strategischen Managers liegt.

Dashboards für analytische Zwecke

Dashboards, die die Datenanalyse unterstützen, brauchen einen anderen Gestaltungsansatz. In diesen Fällen verlangen die Informationen einen größeren Kontext, wie z. B. ergiebige Vergleiche, eine längere Vorgeschichte und feinere Performance-Bewerter. Wie strategische Dashboards profitieren auch analytische Dashboards von statischen Daten-Snapshots, die sich nicht ständig von einem zum anderen Moment ändern. Jedoch sind die komplizierten Darstellungsmedien oft nützlich für den Analysten, der komplexe Daten und Beziehungen untersuchen muss. Dieser will Zeit darin investieren, deren Funktion zu verstehen. Analytische Dashboards sollten die Interaktion mit Daten unterstützen, wie z. B. das Eintauchen in die darunterliegenden Details (Drill-Down), um eine Erkundung zu ermöglichen, die dazu gebraucht wird, damit alles einen Sinn bekommt – diese ist nicht nur dazu da, um herauszufinden, was gerade los ist, sondern was die Ursache dafür ist. Zum Beispiel ist es nicht genug zu erkennen, dass die Verkäufe zurückgehen; wenn der Zweck eine Analyse ist, muss man sich solcher Muster bewusst werden, um zu erkennen, was der Grund für die sinkenden Verkaufszahlen ist und wie diese korrigiert werden können. Das Dashboard an sich als Monitoring-Tool, das dem Analysten sagt, was untersucht werden soll, braucht nicht alle nachträglichen Interaktionen direkt zu unterstützen, aber es sollte sie so nahtlos wie möglich verbinden, um die Daten zu analysieren.

Dashboards für operative Zwecke

Wenn Dashboards dafür verwendet werden, die Arbeitsabläufe zu überwachen, müssen sie anders gestaltet sein als jene, die strategische Entscheidungsfindung oder Datenanalyse unterstützen. Die Eigenschaft der Arbeitsabläufe, die am meisten die Gestaltung des Dashboards beeinflusst, ist ihre dynamische und unmittelbare Natur. Wenn man Arbeitsabläufe überwacht, muss man immer aufmerksam sein und jederzeit reagieren. Wenn einem Roboterarm, der am Fließband Autotüren anbringt, die Schrauben ausgehen, kann man nicht bis zum nächsten Tag warten, um das Problem zu bemerken und dann zu handeln. Genauso wenn der Traffic auf der Website plötzlich auf die Hälfte des Normalzustands abfällt, will man sofort benachrichtigt werden.

Genauso wie mit strategischen Dashboards müssen die Darstellungs-Medien der operativen Dashboards einfach sein. Im Falle eines stressigen Notfalls, der sofortiges Handeln erfordert, müssen die Bedeutung der Situation und das angemessene Handeln in höchstem Maß deutlich und einfach sein oder es werden Fehler gemacht. Im Gegensatz zu strategischen Dashboards müssen operative Dashboards die Fähigkeit haben, sofort darauf aufmerksam zu machen, wenn ein Arbeitsablauf außerhalb des akzeptierbaren Performance-Bereichs fällt. Außerdem sind die Informationen, die in einem operativen Dashboard auftauchen spezifischer und bieten einen tieferen Detaillierungsgrad. Wenn die Gefahr besteht, dass eine entscheidende Lieferung die Deadline nicht einhalten kann, wird einem eine Statistik auf hohem Niveau nichts bringen; man braucht die Bestellnummer, wer sie bearbeitet und wo sich die Lieferung im Lager befindet.

Typische Dashboard-Daten

Dashboards sind für alle Arbeiten nützlich. Ob man Meteorologe ist, der das Wetter beobachtet, ein Analyst des Geheimdiensts, der potenzielle Terroristengespräche bespitzelt, ein CEO, der die Gesundheit und die Möglichkeiten eines Multi-Milliarden-Dollar-Konzerns überwacht oder ein Finanzanalyst, der den Aktienmarkt beobachtet. Dashboards erleichtern den Überblick, besonders wenn sie gut gestaltet sind.

Der rote Faden in der Vielfalt von Dashboards

Trotz diverser Applikationen weisen Dashboards in fast allen Fällen in erster Linie quantitative Kennzahlen auf, die zeigen, was gerade passiert ist. Diese Art von Daten ist bei fast allen Dashboards gängig, weil sie entscheidende Informationen überwachen, die dafür gebraucht werden, einen Job zu erledigen oder um ein oder mehrere bestimmte Ziele zu erreichen, und die meisten Informationen, die dies am besten ausdrücken, sind quantitativ.

Abbildung 37 listet mehrere Kennzahlen auf, die zeigen, was gerade vor sich geht und typisch im Geschäftsumfeld sind.

Kategorie	Kennzahlen
Sales	Buchungen
	Rechnungen
	Sales Pipeline (erwartete Umsätze)
	Anzahl an Bestellungen
	Auftragswerte
	Verkaufspreise
	Stornierungen
Marketing	Marktanteil
	Kampagnenerfolg
	Kundendemographie
Finance	Umsätze
	Ausgaben
	Gewinne
Customer Service	Anzahl an Support-Anrufen
	Gelöste Fälle
	Kundenzufriedenheit
	Gesprächsdauer
	Geschwindigkeit
	Direkte Lösung (One-and-done)
Fulfillment	Lieferzeit
	Rückstände
	Lagerbestände
Production	Produzierte Einheiten
	Fertigungszeiten

Kategorie	Kennzahlen
	Fehlerzahl (Ausschuss-Quote)
Human Resources (HR)	Mitarbeiterzufriedenheit
	Mitarbeiterumsatz
	Anzahl offener Stellen
	Anzahl der zu spät abgegebenen Performance-Reviews
	Anzahl Bewerber
	Rankings (Beliebteste Arbeitgeber)
Information Technology (IT)	Netzwerkausfallzeit
	Systemauslastung
	Gelöste Applikations-Bugs
	Angriffe durch Viren/Hacker
Web Services	Anzahl von Visits
	Anzahl von Seitenaufrufen
	Besuchsdauer
	Traffic

Abbildung 37:   Kennzahl-Kategorisierungen

Diese Kennzahlen werden oft in zusammengefasster Form dargestellt, meistens als Summe, etwas weniger oft als Durchschnitte (wie z. B. der durchschnittliche Verkaufspreis), gelegentlich als Vertriebskennzahl (wie z. B. eine Standardabweichung), und seltener als Korrelationskennzahl (wie z. B. ein linearer Korrelationskoeffizient). Eine zusammengefasste Darstellung der quantitativen Daten ist teilweise in Dashboards nützlich, wo eine Überwachung einer Reihe an Unternehmensphänomenen auf einen Blick nötig ist. Offensichtlich benötigt die Begrenzung des Speicherplatzbedarfs eines einzelnen Bildschirms eine aussagekräftige Kommunikation.

Unterschiede im Timing

Kennzahlen, die den Staus quo aufzeigen können in verschiedenen Zeiträumen dargestellt werden. Einige typische Beispiele sind:

- Im laufenden Jahr
- Im laufenden Quartal
- Im laufenden Monat
- In der laufenden Woche
- Gestern
- Bis heute

Der entsprechende Zeitraum wird anhand der Ziele bestimmt, die das Dashboard unterstützt.

Bereicherung durch Vergleichen

Diese Kennzahlen können durch sich selbst dargestellt werden, aber es ist gewöhnlich hilfreich, diese mit einer oder mehreren in Beziehung stehenden Kennzahlen zu vergleichen, um einen Kontext zu schaffen und dadurch ihre Bedeutung zu erhöhen. In Abbildung 38 sind die vielleicht typischsten Vergleichskennzahlen mit jeweils einem Beispiel abgebildet.

Vergleichskennzahl	Beispiel
Dieselbe Kennzahl zum selben Zeitpunkt in der vergangenen Periode	Derselbe Tag im letzten Jahr
Dieselbe Kennzahl zu einem anderen Zeitpunkt in der vergangenen Periode	Jahresabschluss des letzten Jahres
Das momentane Ziel der Kennzahl	Das Budget für die momentane Periode
Beziehung zu einem zukünftigen Ziel	Prozentsatz des bisherigen diesjährigen Budgets
Eine vorhergehende Prognose der Kennzahl	Vorhersage, wo wir erwarteten, heute zu stehen
Beziehung zu einer zukünftigen Prognose der Kennzahl	Prozentsatz der Quartalsvorhersage
Normwert einer Kennzahl	Durchschnitt, normale Bandbreite oder ein Benchmark, wie z. B. die Anzahl der Tage, die der Versand einer Bestellung dauert
Abweichung zur Norm	Differenz zwischen Istwert und Normwert
Eine Hochrechnung der Gegenwart, um die Form der wahrscheinlichen Zukunft zu messen, entweder zu einem bestimmten Zeitpunkt in der Zukunft oder als eine Zeitreihe (Trend)	Eine Vorhersage der Zukunft, wie z. B. das Ende des kommenden Jahres
Die Version derselben Kennzahl eines anderen	Eine Wettbewerbskennzahl, z. B. Umsätze (*extern*: z. B. Marktbegleiter; *intern*: andere Abteilung des eigenen Unternehmens)
Korrelation zwischen Kennzahlen	Anzahl an Bestellungen im Vergleich zum Umsatz der Bestellungen

Abbildung 38: **Vergleichskennzahlen**

Diese Vergleiche werden oft grafisch dargestellt, um die Unterschiede zwischen den Werten deutlich zu kommunizieren, was nicht so dramatisch herausspringt, wie wenn nur Text verwendet werden würde. Jedoch genügt oft Text allein. Beispielsweise wenn lediglich der Vergleich an sich benötigt wird und die individuellen Kennzahlen (eine primäre Kennzahl und eine Vergleichskennzahl) nicht nötig sind, kann eine einzige Zahl als Prozentsatz ausgedrückt genutzt werden (wie z. B. 119 % des Budgets oder -7 % davon, wo wir letztes Jahr zu diesem Zeitpunkt standen).

Kennzahlen, die zeigen, was gerade vor sich geht, können entweder als einzelne Kennzahl, als Kombination einer oder mehrerer individueller Kennzahlen oder als eine der folgenden Kennzahlen dargestellt werden:

- Mehrere Instanzen einer Kennzahl, von denen jede eine kategorische Unterteilung der Kennzahl vertritt (z. B. Verkäufe, die nach Regionen unterteilt werden oder ein Auftragsvolumen unterteilt nach numerischen Bereichen in Form einer Vertriebsfrequenz)
- Temporäre Instanzen einer Kennzahl (d. h. eine Zeitreihe, wie z. B. die monatlichen Instanzen einer Kennzahl)

Vor allem stellen Zeitreihen einen wichtigen Kontext zum Verständnis dar, was wirklich vor sich geht und wie gut es läuft.

Bereicherung durch Evaluation

Da mit einem Dashboard eine große Menge an Daten schnell evaluiert werden muss, kann es auch nützlich sein, explizit zu bestimmen, ob etwas gut oder schlecht ist. Solch eine evaluierte Information wird oft als eigenes visuelles Objekt entschlüsselt (z. B. durch eine Ampel) oder als visuelle Eigenschaften (z. B. durch die Darstellung der Kennzahlen im grellen Rot, um einen ernsten Zustand hervorzuheben). Wenn sie richtig dargestellt wird, können einfache visuelle Indikatoren User über den Zustand bestimmter Kennzahlen warnen ohne das gesamte Design des Dashboards zu ändern. Bewertende Indikatoren müssen nicht auf binäre Unterschiede zwischen gut und schlecht beschränkt werden, aber wenn sie die Grenze mehr als deutlich überschreiten (z. B. sehr schlecht, schlecht, akzeptabel, gut und sehr gut), riskieren sie zu komplex für eine effiziente Wahrnehmung zu werden.

Nicht-quantitative Dashboard-Daten

Viele Leute verwenden die Begriffe Dashboards und KPIs fast als Synonym. Es stimmt sicherlich, dass Dashboards ein mächtiges Instrument für das Darstellen von KPIs sind, aber nicht alle quantitativen Informationen, die in einem Dashboard nützlich sein könnten, gehören zur Liste der definierten KPIs. Tatsache ist, dass nicht alle Informationen, die in einem Dashboard nützlich sind, quantitativ sind – die entscheidenden benötigten Informationen, um einen Job zu machen, können nicht immer numerisch ausgedrückt werden. Obwohl die meisten Informationen, die normalerweise in Dashboards vorkommen, quantitativ sind, sind manche Arten der nicht-quantitativen Daten, wie z. B. eine einfache Liste, auch ziemlich verbreitet. Hier einige Beispiele:

- Top 10 der Kunden
- Probleme, die untersucht werden müssen
- Aufgaben, die erledigt werden müssen
- Personen, die kontaktiert werden müssen

Eine andere Art von nicht-quantitativen Daten, die gelegentlich in Dashboards auftauchen, bezieht sich auf Zeitpläne, die Aufgaben, Stichtage, verantwortliche Personen, usw. enthalten. Das ist üblich, wenn der Job, den das Dashboard unterstützt, das Management des Projekts oder des Prozesses involviert.

Eine seltene Art bezieht die Darstellung von Einheiten und ihren Beziehungen mit ein. Einheiten können Schritte oder Phasen in einem Prozess sein, Personen oder Unternehmen, die miteinander interagieren oder Ereignisse, die sich gegenseitig beeinflussen, um nur ein paar geläufige Beispiele zu nennen. Diese Art der Darstellung entschlüsselt normalerweise Einheiten als Kreise oder Rechtecke und Beziehungen als Linien oft mit Pfeilen an einer oder beiden Seiten, um die Richtung oder den Einfluss zu zeigen. Es ist oftmals hilfreich, quantitative Informationen mit einzubeziehen, die mit den Einheiten und Beziehungen in Verbindung gebracht werden, wie z. B. die Zeit, die zwischen Ereignissen während eines Prozesses anfällt (z. B. wenn eine Anzahl mit der Linie, die beide Ereignisse miteinander verbindet, in Verbindung gebracht wird oder wenn die Länge der Linie an sich die Dauer entschlüsselt) oder die Größe der Unternehmenseinheiten (die vielleicht durch Umsätze oder Mitarbeiteranzahl ausgedrückt wird).

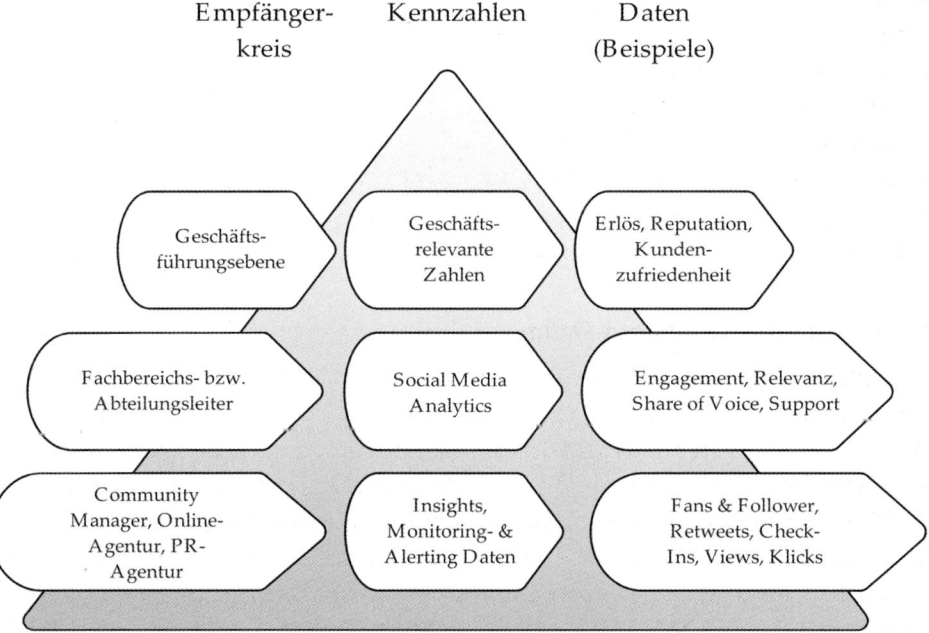

Abbildung 39: **Unterschiedliche Reportinganforderungen für unterschiedliche Empfängergruppen**

Links

Allgemein

http://allfacebook.de/

(aktuelle Infos rund um Facebook)

www.altimetergroup.com

(Social Media Analystenhaus, div. Studien und Marktübersichten)

www.bvdw.de

(Bundesverband Digitalwirtschaft, u.a. Herausgeber des „Leitfaden Social Media-Monitoring")

https://developers.facebook.com/roadmap/

(Developer Roadmap von Facebook, immer in Auge behalten!)

www.iao.fraunhofer.de

(u.a. Herausgeber einer Marktstudie Social Media Monitoring Tools)

http://kpilibrary.com/

(eine sehr umfängliche Sammlung von KPIs für alle Lebenslagen)

www.l2-thinktank.com

(„A think tank for digital innovation.", u.g. Herausgeber von Studien, Reports, Benchmarks (nach Branchen)

www.mind-consult.net

(u.a. Herausgeber einer Marktstudie Social Media-Monitoring Tools)

www.nextcc.ch

(Plattform zur Diskussion der Perspektiven von Social Media für Marketing, Vertrieb, Service, HR und Unternehmenskommunikation mit über beteiligen 100, Herausgeber von Studien und Veranstalter der jährlichen NextCC-Konferenz.)

www.rolandfiege.com

(weiterführende Themen)

www.web-strategist.com

(Blog von Jeremiah Owyang, Analyst bei Altimeter Group)

Social Media Monitoring (DACH)

www.ethority.de

www.indeca.de

www.infospeed.de

www.intelligence-group.de (B.I.G)

www.netbreeze.ch

www.vico-research.de

Social Media Management Tools

www.argylesocial.com

www.hootsuite.com

www.spreadfast.com

www.vitrue.com

Social Analytics & Reporting Lösungen

http://www.google.com/analytics/

www.blitzmetrics.com

www.kontagent.com

www.microstrategy.com

www.simplymeasured.com

Facebook Page- und App-Baukästen

www.appbistro.com

www.hy.ly

www.socialappshq.com

www.wildfireapps.com

Social Media-Monitoring Anbieter (international)

Anbieter Name	Plattform Name	Quellenset (öffentlich verfügbare Quellen)	URL
Omniture	Discover	All	http://www.omniture.com/en/pro ducts/online_analytics/discover
SAS	Social Media Analytics	All	http://www.sas.com/software/cus tomer-intelligence/social-media-analytics/
IBM	SPSS Modeler	All	http://www.spss.com/software/m odeling/modeler-pro/
Radian6	Radian6	All	http://www.radian6.com
Google	Blogsearch	Blogs	http://blogsearch.google.com
Twitter	Twitter Search	Twitter	http://search.twitter.com
Icerocket	Icerocket	Blogs	http://www.icerocket.com
ScoutLabs	ScoutLabs	All	http://www.scoutlabs.com
Brands Eye	Brands Eye	All	http://www.brandseye.com
Visible Technologies	TruCast, TruReputation	All	http://www.visibletechnologies.c om
Twazzup	Twazzup	Twitter	http://www.twazzup.com
Effyis	Boardreader	Foren	http://boardreader.com
Collective Intellect	ci/Listen, ci/Learn	All	http://www.collectiveintellect.co m
Backtype	Connect	Blogs, Twitter, Friendfeed	http://www.backtype.com
Technorati	Blogsearch	Blogs	http://technorati.com
Pidgin Technologies	Boardtracker	Foren	http://www.boardtracker.com
Facebook	Analytics (Pages)	Facebook	http://www.facebook.com
Social Mention	Social Mention	All	http://socialmention.com
Now Metrix	Trendrr	All	http://www.trendrr.com
Monitter	Monitter	Twitter	http://www.monitter.com
Spiral16	Spark	All	http://www.spiral16.com
Linkfluence	Linkfluence	All	http://linkfluence.net
New Media Strategies	AIM	All	http://newmediastrategies.net
JD Power	Umbria	All	http://www.jdpowerwebintellige nce.com

Anbieter Name	Plattform Name	Quellenset (öffentlich verfügbare Quellen)	URL
Sysomos	MAP, Heartbeat	All	http://www.sysomos.com
Crimson Hexagon	Voxtrot	All	http://www.crimsonhexagon.com
Visible Measures	TruReach, Video Engagement	Video	http://www.visiblemeasures.com
Bivings Group	Impactwatch	All	http://impactwatch.com
CustomScoop	ClipIQ	All	http://www.customscoop.com
Betaworks	Chartbear	Twitter	http://www.chartbeat.com
TweetBeep	TweetBeep	Twitter	http://www.tweetbeep.com
Attentio	Buzz Report	All	http://www.attentio.com
Raven	Raven	All	http://raventools.com
Who's Talkin	Who's Talkin	ALL	http://www.whostalkin.com
Hubspot	Twitter Grader	Twitter	http://twitter.grader.com
Collecta	Collecta	All	http://www.collecta.com
Sensidea	SocialSeek	All	http://www.sensidea.com/socialseek
Conversition	TweetFeel	Twitter	http://www.tweetfeel.com
Attensity	Biz360	All	http://www.biz360.com
Synthesio	Synthesio	All	http://www.synthesio.com
YackTrack	YackTrack	Blogs	http://yacktrack.com
Brandwatch	Brandwatch	All	http://www.brandwatch.net
Sports Media Challenge	Buzz Manager	All	http://www.sportsmediachallenge.com/buzzmanager/index.html
Crowd Favorite	Addictomatic	All	http://addictomatic.com
e-CBD	Dialogix	All	http://www.dpdialogue.com.au
Echometrix	ThePulse	All	http://www.echometrix.com
BuzzNumbers	BuzzNumbers	All	http://www.buzznumbershq.com
CustomScoop	BuzzPerception	Blogs	http://www.customscoop.com
Overtone	Open Mic	All	http://www.overtone.com
DNA13	dnaMonitor	All	http://www.dna13.com/
CoTweet	CoTweet	Twitter	http://www.cotweet.com
Xerocity Design Group	twitt(url)y	Twitter	http://twitturly.com/
Flaptor	Trendistic	Twitter	http://trendistic.com
Frank Westphal	Rivva	Blogs,	http://rivva.de/

Anbieter Name	Plattform Name	Quellenset (öffentlich verfügbare Quellen)	URL
		Twitter	
OneRiot	OneRiot	Twitter, Digg, YouTube	http://www.oneriot.com
Inuda Innovati-ons	HowSociable	All	http://howsociable.com/
The Search Mo-nitor	The Search Monitor	All	http://www.thesearchmonitor.com/
Twitter Analyzer	Twitter Analyzer	Twitter	http://twitteranalyzer.com
Converseon	Conversation Miner	All	http://www.converseon.com
PR Newswire	eWatch	Blogs	http://ewatch.prnewswire.com
Cision	Cision Social Media	All	http://de.cision.com
Emerge Techno-logy Group	Socialscape	All	http://www.socialscape.biz
Viralheat	Viralheat	All	http://www.viralheat.com
RepuMetrix	RepuTrace, RepuTrack	All	http://www.repumetrix.com
Samepoint	Samepoint	All	http://www.samepoint.com
Glam Media	Tinker	Twitter	http://www.tinker.com
Buzzient	Buzzient	All	http://www.buzzient.com
BuzzLogic	BuzzLogic In-sight	All	http://www.buzzlogic.com
Dow Jones	Dow Jones Insight	All	http://solutions.dowjones.com
eCairn	Conversation	All	http://www.ecairn.com
Attensity	Market Voice	All	http://www.attensity.com
Vocus, Inc.	Vocus PR	All	http://www.vocus.com
Digimind	Digimind Me-ta-Search	All	http://www.digimind.com
MyFrontSteps	Steprep	All	http://steprep.myfrontsteps.com
Onalytica	Direct Access - InfluenceMonit or	All	http://www.onalytica.com
Market Sentinel	LiveBuzz	All	http://www.marketsentinel.com/

Anbieter Name	Plattform Name	Quellenset (öffentlich verfügbare Quellen)	URL
Reputation Defender	Reputation Defender	All	http://www.reputationdefender.com
ReputationHQ	My Reputation Manager	All	http://reputationhq.com
Macranet	Sentiment Metrics	All	http://www.sentimentmetrics.com
Filtrbox	G2	All	http://www.filtrbox.com
Moreover Technologies	Newsdesk	All	http://w.moreover.com
uberVU	uberVU	All	http://www.ubervu.com/
Inifinimedia	StartPR	All	http://startpr.com
Networked Insights	SocialSense	All	http://www.networkedinsights.com
Cierzo Development S.L	Smmart	All	http://www.smmart.es
Infegy	Social Radar	All	http://www.infegy.com/
BuzzStream	BuzzStream	All	http://www.buzzstream.com
Web Analytics Demystified	Twitalyzer	Twitter	http://www.twitalyzer.com
iMooty	iMooty	News	http://www.imooty.eu
SocialMetrix	SocialMetrix	All	http://www.SocialMetrix.com
Expert System	Cognito Monitor	All	http://www.expertsystem.net
White Noise Inc.	White Noise	All	http://www.herdthenoise.com
Tealium	Tealium SM	All	http://www.tealium.com
Trackur LLC.	Trackur	All	http://www.trackur.com/
Nielsen	Blogpulse	Blogs	http://www.blogpulse.com
Nielsen	My BuzzMetrics	All	http://de.nielsen.com/products/nmr_buzzmetrics.shtml
Medimix	Scanbuzz	All (niche - pharma)	http://www.medimix.net/
Mindlab Solutions GmbH	netmind Sphere	All	http://www.mindlab.de
Klout	Klout	Twitter	http://klout.com
MediaMiser	MediaMiser Enterprise	All	http://www.mediamiser.com
Iterasi	Positive Press	All	http://www.iterasi.net

Anbieter Name	Plattform Name	Quellenset (öffentlich verfügbare Quellen)	URL
ListenLogic	Resonate	All	http://www.listenlogic.com
mReplay	Livedash	All	http://www.livedash.com
TipTop Technologies	TipTop	Twitter, Amazon reviews	http://feeltiptop.com
TraceBuzz	TraceBuzz	All	http://www.tracebuzz.com
ThoughtBuzz	ThoughtBuzz	All	http://www.thoughtbuzz.net
JamIQ	JamIQ	All	http://www.jamiq.com
SWIX	SWIX	All	http://swixhq.com
Ascent Labs, Inc.	StatsMix	All	http://statsmix.com/
MediaBadger	Mediasphere360	All	http://www.mediabadger.com
Insttant	Insttant	Twitter	http://insttant.com
Tweetlytics	Tweetlytics	Twitter	http://www.tweetlytics.com/
Overdrive Interactive	Social Media Dashboard	All	http://www.ovrdrv.com
Statsit	Monitor	All	http://www.statsit.com
Asterisq	Mentionmap	Twitter	http://apps.asterisq.com/mentionmap/#
Kaleidico	Eavesdropper	All	http://kaleidico.com
Bantam Networks	Bantam Live	Twitter	http://www.bantamlive.com/
Tinval Sistemes S.L.	BrandChats	All	http://www.brandchats.com
Clipit News	Clipit - online media monitoring	All (dutch)	http://www.clipit.nl
Social Agency Inc	SpredFast	All	http://spredfast.com
Looxii	Looxii	Social Media	http://www.looxii.com/
RightNow	RightNow CX	All	http://www.rightnow.com/
Syncapse Corp	Socialtalk	Twitter, Facebook, Wordpress, Moveable Type	http://www.socialtalk.com

Anbieter Name	Plattform Name	Quellenset (öffentlich verfügbare Quellen)	URL
Cymfony	Maestro	All	http://www.cymfony.com
Whitevector	Whitevector	All	http://www.whitevector.com
Brandtology	DCMS	All	http://www.brandtology.com
Integrasco AS	WoMPortal	All	http://www.integrasco.com/
Topsy Labs	Topsy	Twitter	http://topsy.com/
New Music Labs BV	Tribe Monitor	All	https://www.tribemonitor.com
Cyveillance	Cyveillance	All	http://www.cyveillance.com
JitterJam	JitterJam	All	http://www.jitterjam.com
Alterian	SM2	All	http://socialmedia.alterian.com/
BuzzGain	BuzzGain	All	http://buzzgain.com
Landau Media	Landau Media Monitoring Internet	All	http://www.landaumedia.de
Asomo	Asomo	All	http://www.asomo.net
PeopleBrowsr	Analytic.ly	All	http://analytics.peoplebrowsr.com
Buzzcapture B.V.	Buzzcapture	All	http://www.buzzcapture.com
Patch6 AB	Silverbakk Briefing Room	All	http://www.silverbakk.com
Noteca	Noteca	All	http://www.noteca.com
Simpleweb Ltd.	Media Genius	All	http://www.mediageniusapp.com

Quelle: „A Wiki of Social Media Monitoring Solutions", http://wiki.kenburbary.com, (wird laufend erweitert).

Kennzahlen und Metriken

Ausgewählte Kennzahlen des klassischen Webmonitoring

Visitors	Anzahl der Besucher pro Zeitraum.
Visits	Anzahl der Besuche pro Zeitraum.
Visits/Session	Ein zusammenhängender Besuch eines Nutzers auf einer Website (Aufruf mindestens einer Seite, umfasst daher eine oder mehrere Page Views).
Page View	Aufruf einer Seite (setzt sich meist aus mehreren Hits zusammen).
PI	Page Impressions. Anzahl der Sichtkontakte beliebiger Nutzer mit einer potenziell werbeführenden Website. Gängiges Maß zur Beurteilung der Nutzung einzelner Seiten eines Angebots.
Hit	Erfasst alle Dateien, die vom Server zum Client übertragen werden (bei mehreren eingebundenen Bildern auf einer Website erzeugen diese jeweils einen Hit).
Referring Sites	Anzahl der verweisenden Sites sowie die meist genutzten Ursprungswebsites sind wichtige Indikatoren für die allgemeine Relevanz und Wahrnehmung (Visibility) einer Website.
Unique Visitor/ Unique Client	Anzahl der Endgeräte (PC, Netbook, Smartphone, ...), die von mindestens einer Person verwendet wird.
Herkunftsland	Geographische Zuordnung der IP-Adresse des Besuchers.
Browser und Betriebssystem	Ermittlung des verwendeten Browsers inklusive Plugins sowie des Betriebssystems des Besuchers (dient der Optimierung der Website).
COA	Cost of Acquisition. Die Kosten pro Neukunde definieren sich durch die Summe der bezahlten Klicks und Werbekontakte, die investiert werden muss, um einen Neukunden zu gewinnen.
CPA	Cost per Action drückt jene Kosten aus, die bis zur Erreichung eines bestimmten Ziels angefallen sind (z. B. einen Kaufabschluss, ein Whitepaper-Abruf, eine Newsletteranmeldung etc.). Sie berechnet sich, indem die Gesamtkosten der Aktion durch die Anzahl der erreichten Aktionen geteilt werden.
CPC/PPC	Cost per Click / Pay per Click. Die Kosten per Klick werden über diese Kennzahl ausgedrückt. Sie berechnen sich, indem

	die Gesamtkosten der Webseite / der Kampagne durch die Anzahl der Klicks geteilt werden.
CPL	Cost per Lead. Gesamtkosten pro Kampagne oder Kanal in Relation zu den generierten Leads auf eine bestimmte zeitliche Periode bezogen.
CPM	Cost per mille. Kosten pro tausend Impressions; auf deutsch: TKP (Tausender-Kontakt-Preis).
CPO	Cost per Order. Definiert sich durch die Summe der Kosten für Klicks und Werbemittelkontakte pro Bestellung.
CTR	Click Through Rate. Summe aller Klicks / Summe der Werbemitteleinblendungen in Prozent.
Life Time	Anzahl kostenverursachender Kunden und gewinnbringender Kunden über einen dedizierten, meist längerfristigen, Zeitraum betrachtet.
Life Time Value	Kundenwert, meist über die gesamte Dauer der Kundenbeziehung ermittelt.
Level of Interest/Focus	Anzahl der Seitenaufrufe zu einem bestimmten Thema pro Besuch. Diese Kennzahl spiegelt in gewissem Grad die Relevanz eines Themas auf einer Website wider und zeigt auf, welche Bereiche von Kunden favorisiert werden und welche keine oder nur wenig Beachtung finden.
Durchschnittliche Verweildauer	Zeitlicher Indikator, der das Interesse der Besucher an einer Website und deren Inhalte widerspiegelt. Je länger ein Besucher auf einer Website verweilt, desto eher kann davon ausgegangen werden, dass Inhalte tatsächlich gelesen/angeschaut/angehört wurden.
Konversionsrate/ Abbruchrate	Die Gesamtzahl der Besucher im Verhältnis zu den Besuchern, die die gewünschte Transaktion auf der Website getätigt haben (z. B. Kauf von Waren oder Dienstleistungen, Herunterladen von Dokumenten, erfolgreiche Registrierung in einem Portal etc.). Die Abbruchrate wiederum ist das Verhältnis von Besuchern, die die Website vor Beendigung der gewünschten Transaktion verlassen haben, zu den Besuchern, die eine Transaktion erfolgreich durchgeführt haben.
Suchphrasen	Zeigt die Suchbegriffe auf, die den Besucher auf die Website geführt haben und somit Grundlage für die weiteren Maßnahmen zur Suchmaschinenoptimierung (engl.: Search Engine Optimization, kurz: SEO) sind.
Lead	Anzahl der neu gewonnenen Kontakte (z. B. durch die Registrierung für einen Newsletter bzw. vor dem Download eines Whitepapers oder einer Studie).

Lead Conversions	Bezeichnet die Konversionsrate eines Banners, z. B. Klicks auf einen Banner im Verhältnis zu erfolgreich abgeschlossenen Transaktionen.
Ad-Impressions	Weist die Anzahl der Kontakte von Onlinenutzern mit einem Werbemittel auf einem bestimmten Kanal aus. Hierdurch lässt sich sehr gut die Effizienz von Bannern auf verschiedenen Werbeträgern messen und vergleichen. Bei den präzisen Targetingmöglichkeiten anhand des Social Graphs von Nutzern innerhalb Social-Media-Plattformen ist dies eine Kernwährung bei der Onlinewerbung.

Metriken im Social Web

Metrik	Beschreibung
Conversation buzz	The amount of discussion around certain topics, generally determined by the number of responses to blog posts or online discussions. A widely read news site may post a story, but if there are no comments and no readers discussing the topic, then it shows little consumer interest.
Conversation value	The revenue contribution of a conversation about a particular product or brand. Proposed by Chat Threads, this metric comes from understanding how conversations spread through different channels and the incremental value each conversation adds to the brand's bottom line.
Conversation volume	The number of social media entities (blog posts, forum discussions, tweets, etc.) discussing a topic. Volume is a stronger metric when measured over time — marketers use conversation volume to set baselines for future campaigns.
Demographic metrics	The collection of metrics making up the background details of online consumers. Listening platforms can collect data on consumer location, gender, and age. Marketers use demographic data to determine whether their campaigns reach targeted consumers.
Level of influence	The authority of an online consumer, measured by his or her overall reach online. A consumer with a highly read blog and thousands of Twitter followers is assigned a high influence score, while a commenter on a small forum has low influence.
Message reach	The number of eventual impressions of an online dis-

Metrik	Beschreibung
	cussion. Measured by the number of different sources covering a topic and each source's potential page views. Many discussions start small, but once picked up by a larger source, will reach a large number of consumers.
Sentiment type	The positive or negative attitudes consumers express, scored positive, negative, or neutral. Although many online brand mentions are neutral, containing no sentiment, listening platforms track adjectives around keywords to determine a consumers' tonality about a topic.
Share of voice	The ratio of discussion volume between multiple brands — often represented as a percentage pie chart. Many marketers track their brands against competitors' to determine which company has a larger share of voice.
Topic frequency	The most common themes for consumer discussion around a brand. Marketers use topic frequency data to collect insight into how consumers view their brands and how they discuss them online.
Virality	The amount and speed at which a discussion spreads, measured by the number of different entries around the same topic within a certain time period. Around a highly Viral event, such as the Motrin Moms saga, hundreds of bloggers wrote posts the following days.

Quelle: Vittal, S. (2009), S. 4

100 Ways to measure Social Media

1.	Volume of consumer-created buzz for a brand based on number of posts
2.	Amount of buzz based on number of impressions
3.	Shift in buzz over time
4.	Buzz by time of day / daypart
5.	Seasonality of buzz
6.	Competitive buzz
7.	Buzz by category / topic
8.	Buzz by social channel (forums, social networks, blogs, Twitter, etc)
9.	Buzz by stage in purchase funnel (e.g., researching vs. completing transaction vs. post-purchase)
10.	Asset popularity (e.g., if several videos are available to embed, which is used more)
11.	Mainstream media mentions
12.	Fans

13.	Followers
14.	Friends
15.	Growth rate of fans, followers, and friends
16.	Rate of virality / pass-along
17.	Change in virality rates over time
18.	Second-degree reach (connections to fans, followers, and friends exposed - by people or impressions)
19.	Embeds / Installs
20.	Downloads
21.	Uploads
22.	User-initiated views (e.g., for videos)
23.	Ratio of embeds or favoriting to views
24.	Likes / favorites
25.	Comment
26.	Ratings
27.	Social bookmarks
28.	Subscriptions (RSS, podcasts, video series)
29.	Pageviews (for blogs, microsites etc.)
30.	Effective CPM based on spend per impressions received
31.	Change in search engine rankings for the site linked to through social media
32.	Change in search engine share of voice for all social sites promoting the brand
33.	Increase in searches due to social activity
34.	Percentage of buzz containing links
35.	Links ranked by influence of publishers
36.	Percentage of buzz containing multimedia (images, video, audio)
37.	Share of voice on social sites when running earned and paid media in same environment
38.	Influence of consumers reached
39.	Influence of publishers reached (e.g., blogs)
40.	Influence of brands participating in social channels
41.	Demographics of target audience engaged with social channels
42.	Demographics of audience reached through social media
43.	Social media habits/interests of target audience
44.	Geography of participating consumers
45.	Sentiment by volume of posts
46.	Sentiment by volume of impressions
47.	Shift in sentiment before, during, and after social marketing programs
48.	Languages spoken by participating consumers
49.	Time spent with distributed content
50.	Time spent on site through social media referrals

51.	Method of content discovery (search, pass-along, discovery engines, etc
52.	Clicks
53.	Percentage of traffic generated from earned media
54.	View-throughs
55.	Number of interactions
56.	Interaction/engagement rate
57.	Frequency of social interactions per consumer
58.	Percentage of videos viewed
59.	Polls taken / votes received
60.	Brand association
61.	Purchase consideration
62.	Number of user-generated submissions received
63.	Exposures of virtual gifts
64.	Number of virtual gifts given
65.	Relative popularity of content
66.	Tags added
67.	Attributes of tags (e.g., how well they match the brand's perception of itself)
68.	Registrations from third-party social logins (e.g., Facebook Connect, Twitter OAuth)
69.	Registrations by channel (e.g., Web, desktop application, mobile application, SMS, etc)
70.	Contest entries
71.	Number of chat room participants
72.	Wiki contributors
73.	Impact of offline marketing/events on social marketing programs or buzz
74.	User-generated content created that can be used by the marketer in other channels
75.	Customers assisted
76.	Savings per customer assisted through direct social media interactions compared to other channels (e.g., call centers, in-store)
77.	Savings generated by enabling customers to connect with each other
78	Impact on first contact resolution (FCR) (hat tip to Forrester Research for that one)
79.	Customer satisfaction
80.	Volume of customer feedback generated
81.	Research und development time saved based on feedback from social media
82.	Suggestions implemented from social feedback
83.	Costs saved from not spending on traditional research
84.	Impact on online sales
85.	Impact on offline sales
86.	Discount redemption rate

87.	Impact on other offline behavior (e.g., TV tune-in)
88.	Leads generated
89.	Products sampled
90.	Visits to store locator pages
91.	Conversion change due to user ratings, reviews
92.	Rate of customer/visitor retention
93.	Impact on customer lifetime value
94.	Customer acquisition / retention costs through social media
95.	Change in market share
96.	Earned media's impact on results from paid media
97.	Responses to socially posted events
98.	Attendance generated at in-person events
99.	Employees reached (for internal programs)
100.	Job applications received

Quelle: Berkovitz, David (2009)

Listings

Output des Access Token zum Auslesen der Freunde des Facebook Nutzers Roland Fiege

Access Token:

https://graph.facebook.com/me/friends?access_token=AAAAAAITEghMBAIdBH8C5gGQOryRoInR40d306Ohf1jNmZC60TpWCNC2Qw00QM2db0NYXQL3ttN4iBEbK8rKP9LrXUYkReuwCx4EWANZBtKh6umGiQa

Ergebnis[45]:

```
{
    "data": [
        {
            "name": "Thorsten Nachname",
            "id": "12346789"
        },
        …
        …
        …
        {
            "name": "Jennifer Nachname",
            "id": "12346789"
        },
        },
    ],
    "paging": {
        "next":
"https://graph.facebook.com/me/friends?access_token=AAAAAAITEghMBAL4umZBHAZAy6Kflmu8rVO83TDeBR3ZBmuNWsoBAwZCGcHoNi1hlF3gZALR7EQqG1eMjqMEGjaPv7K5dmwQEcvm2cSUyCSpYdfjLzyOfe&limit=5000&offset=5000&__after_id=100003354286595"
    }
}
```

Output des Access Token zum Auslesen des Profile feed (Wall) des Facebook Nutzers Roland Fiege:

Access Token:

https://graph.facebook.com/me/feed?access_token=AAAAAAITEghMBAIdBH8C5gGQOryRoInR40d306Ohf1jNmZC60TpWCNC2Qw00QM2db0NYXQL3ttN4iBEbK8rKP9LrXUYkReuwCx4EWANZBtKh6umGiQa

---

45 Die Liste der Facebook Freunde wurde an dieser Stelle gekürzt und anonymisiert.

Ergebnis:

```
{
    "data": [
        {
            "id": "100000397593426_374332362590014",
            "from": {
                "name": "Roland Fiege",
                "id": "100000397593426"
            },
            "to": {
                "data": [
                    {
                        "name": "Nicolas Gautier",
                        "id": "100003068869812"
                    }
                ]
            },
            "with_tags": {
                "data": [
                    {
                        "name": "Nicolas Gautier",
                        "id": "100003068869812"
                    }
                ]
            },
            "message": "Verwandtschaft zu Besuch :)",
            "link": "https://www.facebook.com/pages/Dolceamaro/131440316907460",
            "name": "Dolceamaro",
            "caption": "Roland checked in at Dolceamaro.",
            "icon": "https://www.facebook.com/images/icons/place.png",
            "actions": [
                {
                    "name": "Comment",
                    "link": "https://www.facebook.com/100000397593426/posts/374332362590014"
                },
                {
                    "name": "Like",
                    "link": "https://www.facebook.com/100000397593426/posts/374332362590014"
                }
            ],
            "place": {
                "id": "131440316907460",
                "name": "Dolceamaro",
                "location": {
                    "street": "Friedrichsplatz 13",
                    "city": "Mannheim",
                    "country": "Germany",
                    "zip": "68165",
                    "latitude": 49.483779405977,
                    "longitude": 8.4778505851527
                }
            },
            "type": "checkin",
            "application": {
                "name": "Facebook for iPhone",
                "namespace": "fbtouch",
```

```
              "id": "6628568379"
          },
          "created_time": "2012-04-02T10:57:00+0000",
          "updated_time": "2012-04-02T12:49:01+0000",
          "likes": {
            "data": [
              {
                "name": "Patricia Le Brecq",
                "id": "1549737840"
              },
              {
                "name": "Stephen Wolf",
                "id": "1256680197"
              },
              {
                "name": "Zsanett Papp",
                "id": "1372761457"
              }
            ],
            "count": 3
          },
          "comments": {
            "data": [
              {
                "id": "100000397593426_374332362590014_4716696",
                "from": {
                  "name": "Patricia Le Brecq",
                  "id": "1549737840"
                },
                "message": "Coucou vous deux ;)",
                "created_time": "2012-04-02T12:49:01+0000",
                "likes": 1
              }
            ],
            "count": 1
          }
        },
        {
          "id": "100000397593426_373977889292128",
          "from": {
            "name": "Roland Fiege",
            "id": "100000397593426"
          },
          "message": "Flashback\u0040",
          "picture": "https://fbcdn-profile-a.akamaihd.net/hprofile-ak-
ash2/157988_103492859736458_91683338_q.jpg",
          "link": "https://www.facebook.com/altefeuerwachemannheim",
          "name": "Alte Feuerwache Mannheim",
          "caption": "Roland checked in at Alte Feuerwache Mannheim.",
          "description": "Von Jazz bis HipHop, von Lesungen bis Partys, von einzigartigen
Konzerten bis bleibende Erlebnis...se, von junger Kunst bis K\u00fcnstler von Weltruf,
deren Tourneen sie sonst nur nach K\u00f6ln, Berlin oder M\u00fcnchen f\u00fchren \u2013
die Alte Feuerwache Mannheim ist eines der wichtigsten Ziele f\u00fcr Musik- und Kultur-
liebhaber in der Rhein-Neckar-Region.See More",
          "icon": "https://www.facebook.com/images/icons/place.png",
          "actions": [
            {
```

```
                    "name": "Comment",
                    "link": "https://www.facebook.com/100000397593426/posts/373977889292128"
                },
                {
                    "name": "Like",
                    "link": "https://www.facebook.com/100000397593426/posts/373977889292128"
                }
            ],
            "place": {
                "id": "103492859736458",
                "name": "Alte Feuerwache Mannheim",
                "location": {
                    "street": "Br\u00fcckenstrasse 2",
                    "city": "Mannheim",
                    "country": "Germany",
                    "zip": "68167",
                    "latitude": 49.495851885708,
                    "longitude": 8.4735386010447
                }
            },
            "type": "checkin",
            "application": {
                "name": "Facebook for iPhone",
                "namespace": "fbtouch",
                "id": "6628568379"
            },
            "created_time": "2012-04-01T18:45:43+0000",
            "updated_time": "2012-04-01T18:45:43+0000",
            "likes": {
                "data": [
                    {
                        "name": "Gabriela Costa",
                        "id": "1695566012"
                    },
                    {
                        "name": "Jochen 'Yohan' Roeth",
                        "id": "669701465"
                    }
                ],
                "count": 2
            },
            "comments": {
                "count": 0
            }
        },
        {
            "id": "100000397593426_378085895559245",
            "from": {
                "name": "Roland Fiege",
                "id": "100000397593426"
            },
            "to": {
                "data": [
                    {
                        "name": "Mannheim Germany",
                        "id": "1018024062"
                    }
```

```
          ]
        },
        "message": "Zwei Titanen der ersten Unterhaltung heute in Alte Feuerwache,
Mannheim Germany \nWer geht noch hin?\nhttp://www.raster-noton.net/anbb/",
        "message_tags": {
          "63": [
              {
                "id": "1018024062",
                "name": "Mannheim Germany",
                "type": "user",
                "offset": 63,
                "length": 16
              }
          ]
        },
        "picture": "https://s-
exter-
nal.ak.fbcdn.net/safe_image.php?d=AQDcevK7D0ajIKnw&w=90&h=90&url=http\u00253A\u00252F\u0
0252Fwww.raster-noton.net\u00252Fanbb\u00252F.\u00252Fc\u00252Fimg\u00252Frn121.jpg",
        "link": "http://www.raster-noton.net/anbb/",
        "name": "anbb - alva noto & blixa bargeld",
        "caption": "www.raster-noton.net",
        "icon": "https://s-static.ak.facebook.com/rsrc.php/v1/yD/r/aS8ecmYRys0.gif",
        "actions": [
            {
              "name": "Comment",
              "link": "https://www.facebook.com/100000397593426/posts/378085895559245"
            },
            {
              "name": "Like",
              "link": "https://www.facebook.com/100000397593426/posts/378085895559245"
            }
        ],
        "privacy": {
          "description": "Public",
          "value": "EVERYONE"
        },
        "type": "link",
        "created_time": "2012-04-01T17:25:54+0000",
        "updated_time": "2012-04-01T17:25:54+0000",
        "likes": {
          "data": [
              {
                "name": "Zsanett Papp",
                "id": "1372761457"
              }
          ],
          "count": 1
        },
        "comments": {
          "count": 0
        }
      },
      {
        "id": "100000397593426_373194046037179",
        "from": {
          "name": "Roland Fiege",
```

```
          "id": "100000397593426"
      },
      "message": "Gravis, keinen einzigen Cent mehr werde ich bei Euch lassen!",
      "actions": [
          {
              "name": "Comment",
              "link": "https://www.facebook.com/100000397593426/posts/373194046037179"
          },
          {
              "name": "Like",
              "link": "https://www.facebook.com/100000397593426/posts/373194046037179"
          }
      ],
      "privacy": {
          "description": "Public",
          "value": "EVERYONE"
      },
      "type": "status",
      "application": {
          "name": "Facebook for iPhone",
          "namespace": "fbtouch",
          "id": "6628568379"
      },
      "created_time": "2012-03-31T09:49:53+0000",
      "updated_time": "2012-04-02T08:26:10+0000",
      "likes": {
          "data": [
              {
                  "name": "Anke Gehle",
                  "id": "100000772128942"
              },
              {
                  "name": "Karolin Bierbrauer",
                  "id": "1268991039"
              },
              {
                  "name": "Steffi Becker",
                  "id": "100000727052111"
              },
              {
                  "name": "Stefan Walcz",
                  "id": "704946906"
              }
          ],
          "count": 5
      },
      "comments": {
          "data": [
              {
                  "id": "100000397593426_373194046037179_4716073",
                  "from": {
                      "name": "Sabine Raffel",
                      "id": "700923325"
                  },
                  "message": "ich geh da auch nicht mehr hin - aus dem gleichen Grund.",
                  "created_time": "2012-04-02T08:17:51+0000"
              },
```

```
                        {
                            "id": "100000397593426_373194046037179_4716090",
                            "from": {
                                "name": "Alexander Focke",
                                "id": "1614621099"
                            },
                            "message": "Der Mannheimer Gravis war doch schon immer ein unfreundli-
cher Kackladen, der sich seit dem Umzug nur unwesentlich verbessert hat. Ich kauf da
schon ewig nix mehr.",
                            "created_time": "2012-04-02T08:26:10+0000"
                        }
                    ],
                    "count": 10
                }
            },
            {
                "id": "100000397593426_347728778612445",
                "from": {
                    "name": "Roland Fiege",
                    "id": "100000397593426"
                },
                "icon": "https://s-static.ak.facebook.com/rsrc.php/v1/y0/r/nAApRnfWfNW.gif",
                "actions": [
                    {
                        "name": "Comment",
                        "link": "https://www.facebook.com/100000397593426/posts/347728778612445"
                    },
                    {
                        "name": "Like",
                        "link": "https://www.facebook.com/100000397593426/posts/347728778612445"
                    }
                ],
                "privacy": {
                    "description": "Friends; Except: Restricted",
                    "value": "ALL_FRIENDS"
                },
                "type": "link",
                "created_time": "2012-03-27T17:53:54+0000",
                "updated_time": "2012-03-27T17:53:54+0000",
                "comments": {
                    "count": 0
                }
            },
            {
                "id": "100000397593426_198966606879936",
                "from": {
                    "name": "Roland Fiege",
                    "id": "100000397593426"
                },
                "icon": "https://s-static.ak.facebook.com/rsrc.php/v1/y0/r/nAApRnfWfNW.gif",
                "actions": [
                    {
                        "name": "Comment",
                        "link": "https://www.facebook.com/100000397593426/posts/198966606879936"
                    },
                    {
                        "name": "Like",
```

```
                "link": "https://www.facebook.com/100000397593426/posts/198966606879936"
              }
            ],
            "privacy": {
              "description": "Friends; Except: Restricted",
              "value": "ALL_FRIENDS"
            },
            "type": "link",
            "created_time": "2012-03-27T17:14:38+0000",
            "updated_time": "2012-03-27T17:14:38+0000",
            "comments": {
              "count": 0
            }
          },
          {
            "id": "100000397593426_371067556249828",
            "from": {
              "name": "Roland Fiege",
              "id": "100000397593426"
            },
            "icon": "https://fbcdn-photos-a.akamaihd.net/photos-ak-
snc1/v85005/74/174829003346/app_2_174829003346_5511.gif",
            "actions": [
              {
                "name": "Comment",
                "link": "https://www.facebook.com/100000397593426/posts/371067556249828"
              },
              {
                "name": "Like",
                "link": "https://www.facebook.com/100000397593426/posts/371067556249828"
              },
              {
                "name": "Spotify herunterladen",
                "link": "http://www.spotify.com/redirect/download-social"
              }
            ],
            "privacy": {
              "description": "Friends; Except: Restricted",
              "value": "ALL_FRIENDS",
              "allow": "0",
              "deny": "0"
            },
            "type": "link",
            "application": {
              "name": "Spotify",
              "namespace": "get-spotify",
              "id": "174829003346"
            },
            "created_time": "2012-03-27T16:44:13+0000",
            "updated_time": "2012-03-27T16:44:13+0000",
            "comments": {
              "count": 0
            }
          },
          {
            "id": "100000397593426_368591713164079",
            "from": {
```

```
                "name": "Roland Fiege",
                "id": "100000397593426"
            },
            "message": "I am totally spotified.",
            "icon": "https://fbcdn-photos-a.akamaihd.net/photos-ak-
snc1/v85005/74/174829003346/app_2_174829003346_5511.gif",
            "actions": [
                {
                    "name": "Comment",
                    "link": "https://www.facebook.com/100000397593426/posts/368591713164079"
                },
                {
                    "name": "Like",
                    "link": "https://www.facebook.com/100000397593426/posts/368591713164079"
                },
                {
                    "name": "Spotify herunterladen",
                    "link": "http://www.spotify.com/redirect/download-social"
                }
            ],
            "privacy": {
                "description": "Friends; Except: Restricted",
                "value": "ALL_FRIENDS",
                "allow": "0",
                "deny": "0"
            },
            "type": "link",
            "application": {
                "name": "Spotify",
                "namespace": "get-spotify",
                "id": "174829003346"
            },
            "created_time": "2012-03-23T08:37:34+0000",
            "updated_time": "2012-03-23T08:37:34+0000",
            "comments": {
                "count": 0
            }
        },
        {
            "id": "100000397593426_368096073213643",
            "from": {
                "name": "Roland Fiege",
                "id": "100000397593426"
            },
            "message": "I just took FC Barcelona's poll on Alert.",
            "picture":
"https://www.facebook.com/app_full_proxy.php?app=155018221207734&v=1&size=z&cksum=9d4bd6
8e26b5d9a6edadb889bf1b2b99&src=http\u00253A\u00252F\u00252Fmicrostrat.vo.llnwd.net\u0025
2Fo45\u00252Falert\u00252F197394889304\u00252F4f3be47cac8ae_Forward.png",
            "link":
"http://apps.alert.com/AlertLite/jsp/deepLink.jsp?pageTabUrl=http\u00253A\u00252F\u00252
Fwww.facebook.com\u00252Ffcbarcelona\u00252F197394889304\u00253Fsk\u00253Dapp_1550182212
07734&mobileLink=alert\u00253A\u00252F\u00252F\u00253Ftype\u00253Dproduct\u002526product
id\u00253D3047\u002526catalogid\u00253D257\u002526pageid\u00253D197394889304",
            "name": "Who is the best forward in Bar\u00e7a's history?",
            "description": " My answer was: Johan Cruyff",
```

```
          "icon": "https://fbcdn-photos-a.akamaihd.net/photos-ak-
snc1/v43/66/155018221207734/app_2_155018221207734_7694.gif",
          "actions": [
             {
                "name": "Comment",
                "link": "https://www.facebook.com/100000397593426/posts/368096073213643"
             },
             {
                "name": "Like",
                "link": "https://www.facebook.com/100000397593426/posts/368096073213643"
             }
          ],
          "privacy": {
             "description": "Friends; Except: Restricted",
             "value": "ALL_FRIENDS",
             "allow": "0",
             "deny": "0"
          },
          "type": "link",
          "application": {
             "name": "Alert",
             "namespace": "alertapp",
             "id": "155018221207734"
          },
          "created_time": "2012-03-22T12:18:01+0000",
          "updated_time": "2012-03-22T14:04:29+0000",
          "comments": {
             "data": [
                {
                   "id": "100000397593426_368096073213643_4666209",
                   "from": {
                      "name": "Uwe Gr\u00fcnewald",
                      "id": "100002372245899"
                   },
                   "message": "Gerd M\u00fcller ( el bombero...)",
                   "created_time": "2012-03-22T13:23:52+0000"
                },
                {
                   "id": "100000397593426_368096073213643_4666328",
                   "from": {
                      "name": "Roland Fiege",
                      "id": "100000397593426"
                   },
                   "message": "war der bei Garca?",
                   "created_time": "2012-03-22T14:04:25+0000"
                },
                {
                   "id": "100000397593426_368096073213643_4666329",
                   "from": {
                      "name": "Roland Fiege",
                      "id": "100000397593426"
                   },
                   "message": "barca?",
                   "created_time": "2012-03-22T14:04:29+0000"
                }
             ],
             "count": 3
```

```
            }
        },
        {
            "id": "100000397593426_367610539928863",
            "from": {
                "name": "Roland Fiege",
                "id": "100000397593426"
            },
            "picture": "https://fbcdn-profile-a.akamaihd.net/static-
ak/rsrc.php/v1/y5/r/j258ei8TIHu.png",
            "link": "https://www.facebook.com/pages/Em-H\u0025C3\u0025A4hnche-
Brauhaus/150669971638160",
            "name": "Em H\u00e4hnche Brauhaus",
            "caption": "Roland checked in at Em H\u00e4hnche Brauhaus.",
            "icon": "https://www.facebook.com/images/icons/place.png",
            "actions": [
                {
                    "name": "Comment",
                    "link": "https://www.facebook.com/100000397593426/posts/367610539928863"
                },
                {
                    "name": "Like",
                    "link": "https://www.facebook.com/100000397593426/posts/367610539928863"
                }
            ],
            "place": {
                "id": "150669971638160",
                "name": "Em H\u00e4hnche Brauhaus",
                "location": {
                    "street": "Olpener Str. 873",
                    "city": "Cologne",
                    "country": "Germany",
                    "zip": "51109",
                    "latitude": 50.946013237632,
                    "longitude": 7.0802080982772
                }
            },
            "type": "checkin",
            "application": {
                "name": "Facebook for iPhone",
                "namespace": "fbtouch",
                "id": "6628568379"
            },
            "created_time": "2012-03-21T18:32:48+0000",
            "updated_time": "2012-03-21T18:32:48+0000",
            "comments": {
                "count": 0
            }
        },
        {
            "id": "100000397593426_366719476684636",
            "from": {
                "name": "Roland Fiege",
                "id": "100000397593426"
            },
            "message": "in a couple of years our kids will refer to Skrillex as our genera-
tion does to 808 State. In yer face!",
```

```
            "icon": "https://fbcdn-photos-a.akamaihd.net/photos-ak-
snc1/v85005/74/174829003346/app_2_174829003346_5511.gif",
            "actions": [
                {
                    "name": "Comment",
                    "link": "https://www.facebook.com/100000397593426/posts/366719476684636"
                },
                {
                    "name": "Like",
                    "link": "https://www.facebook.com/100000397593426/posts/366719476684636"
                },
                {
                    "name": "Spotify herunterladen",
                    "link": "http://www.spotify.com/redirect/download-social"
                }
            ],
            "privacy": {
                "description": "Friends; Except: Restricted",
                "value": "ALL_FRIENDS",
                "allow": "0",
                "deny": "0"
            },
            "type": "link",
            "application": {
                "name": "Spotify",
                "namespace": "get-spotify",
                "id": "174829003346"
            },
            "created_time": "2012-03-20T07:41:23+0000",
            "updated_time": "2012-03-20T07:41:23+0000",
            "likes": {
                "data": [
                    {
                        "name": "Nathan Hadfield",
                        "id": "605157120"
                    },
                    {
                        "name": "Gero Dieckmann",
                        "id": "100000189623545"
                    }
                ],
                "count": 2
            },
            "comments": {
                "count": 5
            }
        },
        {
            "id": "100000397593426_345344188845445",
            "from": {
                "name": "Roland Fiege",
                "id": "100000397593426"
            },
            "message": "Mier k\u00f6nned \u00e4lles!",
            "picture": "https://s-
exter-
```

```
nal.ak.fbcdn.net/safe_image.php?d=AQBjJeyG2njEObMk&w=90&h=90&url=http\u00253A\u00252F\u0
0252Fcdn3.spiegel.de\u00252Fimages\u00252Fimage-325072-thumb-vuqg.jpg",
        "link": "http://www.spiegel.de/wissenschaft/technik/0,1518,821764,00.html",
        "name": "Bauen wie vor 1200 Jahren: Me\u00dfkirch mei\u00dfelt sich ins Mittel-
alter - SPIEGEL ONLINE - Nachrichten - Wi",
        "caption": "www.spiegel.de",
        "description": "In Baden-W\u00fcrttemberg wird eine komplette mittelalterliche
Klosterstadt gebaut - unter streng historischen Bedingungen: Maschinen und
Regenm\u00e4ntel sind verboten, Kaffee gibt es nicht. Forscher hoffen so auf neue Er-
kenntnisse \u00fcber das neunte Jahrhundert.",
        "icon": "https://s-static.ak.facebook.com/rsrc.php/v1/yD/r/aS8ecmYRys0.gif",
        "actions": [
            {
                "name": "Comment",
                "link": "https://www.facebook.com/100000397593426/posts/345344188845445"
            },
            {
                "name": "Like",
                "link": "https://www.facebook.com/100000397593426/posts/345344188845445"
            }
        ],
        "privacy": {
            "description": "Public",
            "value": "EVERYONE"
        },
        "type": "link",
        "created_time": "2012-03-19T10:28:25+0000",
        "updated_time": "2012-03-19T10:28:25+0000",
        "likes": {
            "data": [
                {
                    "name": "Konstantin Bommarius",
                    "id": "100000615819106"
                },
                {
                    "name": "R\u00fcdiger Klemm",
                    "id": "1075817909"
                }
            ],
            "count": 2
        },
        "comments": {
            "count": 0
        }
    },
    {
        "id": "100000397593426_364464046910179",
        "from": {
            "name": "Sonda Lihn",
            "id": "100000669529388"
        },
        "to": {
            "data": [
                {
                    "name": "Roland Fiege",
                    "id": "100000397593426"
                }
```

```
            ]
        },
        "message": "lieber Roland, ich hoffe, dir gef\u00e4llt nur das bild und nicht
dass ich ein unfallverursachender verkehrsrebell bin:) sch\u00f6nes we!!^^",
        "actions": [
            {
                "name": "Comment",
                "link": "https://www.facebook.com/100000397593426/posts/364464046910179"
            },
            {
                "name": "Like",
                "link": "https://www.facebook.com/100000397593426/posts/364464046910179"
            }
        ],
        "type": "status",
        "created_time": "2012-03-16T11:47:28+0000",
        "updated_time": "2012-03-16T12:13:00+0000",
        "comments": {
            "data": [
                {
                    "id": "100000397593426_364464046910179_4638860",
                    "from": {
                        "name": "Roland Fiege",
                        "id": "100000397593426"
                    },
                    "message": "Verkehrsrebell - Lol. Ich hoffe Dir geht es einigermassen
gut soweit...",
                    "created_time": "2012-03-16T12:13:00+0000"
                }
            ],
            "count": 1
        }
    },
    {
        "id": "100000397593426_364347630255154",
        "from": {
            "name": "Roland Fiege",
            "id": "100000397593426"
        },
        "picture": "https://fbcdn-profile-a.akamaihd.net/hprofile-ak-
snc4/41613_118428791504396_773736470_q.jpg",
        "link": "https://www.facebook.com/FrankfurtAirport",
        "name": "Frankfurt Airport",
        "caption": "Roland checked in at Frankfurt Airport.",
        "description": "Offizielle Fanseite des Flughafen Frankfurt! Frankfurt Airport
(FRA) - mitten im Herzen Europas www.frankfurt-airport.de",
        "icon": "https://www.facebook.com/images/icons/place.png",
        "actions": [
            {
                "name": "Comment",
                "link": "https://www.facebook.com/100000397593426/posts/364347630255154"
            },
            {
                "name": "Like",
                "link": "https://www.facebook.com/100000397593426/posts/364347630255154"
            }
        ],
```

```json
      "place": {
        "id": "118428791504396",
        "name": "Frankfurt Airport",
        "location": {
          "street": "Hugo Eckener Ring",
          "city": "Frankfurt",
          "country": "Germany",
          "zip": "60547",
          "latitude": 50.049176455082,
          "longitude": 8.5709182346925
        }
      },
      "type": "checkin",
      "application": {
        "name": "Facebook for iPhone",
        "namespace": "fbtouch",
        "id": "6628568379"
      },
      "created_time": "2012-03-16T05:08:16+0000",
      "updated_time": "2012-03-16T05:08:16+0000",
      "comments": {
        "count": 0
      }
    },
    {
      "id": "100000397593426_364099300279987",
      "from": {
        "name": "Karl-Heinz Land",
        "id": "788628828"
      },
      "to": {
        "data": [
          {
            "name": "Roland Fiege",
            "id": "100000397593426"
          }
        ]
      },
      "with_tags": {
        "data": [
          {
            "name": "Roland Fiege",
            "id": "100000397593426"
          }
        ]
      },
      "message": "On my way home after a terrific week in Dubai",
      "picture": "https://fbcdn-profile-a.akamaihd.net/static-ak/rsrc.php/v1/y5/r/j258ei8TIHu.png",
      "link": "https://www.facebook.com/pages/Lufthansa-Senator-Lounge-Dubai-Intl-Airport/232660470099445",
      "name": "Lufthansa Senator Lounge Dubai Intl. Airport",
      "caption": "Karl-Heinz checked in at Lufthansa Senator Lounge Dubai Intl. Airport.",
      "icon": "https://www.facebook.com/images/icons/place.png",
      "actions": [
        {
```

```
              "name": "Comment",
              "link": "https://www.facebook.com/100000397593426/posts/364099300279987"
          },
          {
              "name": "Like",
              "link": "https://www.facebook.com/100000397593426/posts/364099300279987"
          }
      ],
      "place": {
          "id": "232660470099445",
          "name": "Lufthansa Senator Lounge Dubai Intl. Airport",
          "location": {
              "latitude": 25.25108145603,
              "longitude": 55.356975961779
          }
      },
      "type": "checkin",
      "application": {
          "name": "Facebook for iPhone",
          "namespace": "fbtouch",
          "id": "6628568379"
      },
      "created_time": "2012-03-15T20:36:38+0000",
      "updated_time": "2012-03-15T20:36:38+0000",
      "likes": {
          "data": [
              {
                  "name": "Michael Codini",
                  "id": "100002505379317"
              }
          ],
          "count": 1
      },
      "comments": {
          "count": 0
      }
  },
  {
      "id": "100000397593426_364052446951339",
      "from": {
          "name": "Roland Fiege",
          "id": "100000397593426"
      },
      "message": "Goodbye, Dubai. See you soon. What a friendly place!",
      "picture": "https://fbcdn-photos-a.akamaihd.net/hphotos-ak-
snc7/421832_364051883618062_100000397593426_1160016_1641439891_s.jpg",
      "link":
"https://www.facebook.com/photo.php?fbid=364051883618062&set=a.103326236357296.6758.1000
00397593426&type=1",
      "icon": "https://s-static.ak.facebook.com/rsrc.php/v1/yx/r/og8V99JVf8G.gif",
      "actions": [
          {
              "name": "Comment",
              "link": "https://www.facebook.com/100000397593426/posts/364052446951339"
          },
          {
              "name": "Like",
```

```
                    "link": "https://www.facebook.com/100000397593426/posts/364052446951339"
                }
            ],
            "privacy": {
                "description": "Public",
                "value": "EVERYONE"
            },
            "place": {
                "id": "144510542267451",
                "name": "Dubai Festival City",
                "location": {
                    "city": "Dubai",
                    "country": "United Arab Emirates",
                    "zip": "N/A",
                    "latitude": 25.222276864083,
                    "longitude": 55.35211092377
                }
            },
            "type": "photo",
            "object_id": "364051883618062",
            "application": {
                "name": "Facebook for iPhone",
                "namespace": "fbtouch",
                "id": "6628568379"
            },
            "created_time": "2012-03-15T19:07:02+0000",
            "updated_time": "2012-03-15T19:07:02+0000",
            "likes": {
                "data": [
                    {
                        "name": "Nicolas Gautier",
                        "id": "100003068869812"
                    },
                    {
                        "name": "Gero Dieckmann",
                        "id": "100000189623545"
                    },
                    {
                        "name": "Steffi Becker",
                        "id": "100000727052111"
                    },
                    {
                        "name": "Dean Bienenfeld",
                        "id": "100002522299480"
                    }
                ],
                "count": 8
            },
            "comments": {
                "count": 0
            }
        },
        {
            "id": "100000397593426_363864530303464",
            "from": {
                "name": "Roland Fiege",
                "id": "100000397593426"
```

```
        },
        "story": "Roland Fiege added a new photo.",
        "picture": "https://fbcdn-photos-a.akamaihd.net/hphotos-ak-
snc7/424174_363864190303498_100000397593426_1159703_2029187435_s.jpg",
        "link":
"https://www.facebook.com/photo.php?fbid=363864190303498&set=a.103326236357296.6758.1000
00397593426&type=1",
        "icon": "https://s-static.ak.facebook.com/rsrc.php/v1/yx/r/og8V99JVf8G.gif",
        "actions": [
            {
                "name": "Comment",
                "link": "https://www.facebook.com/100000397593426/posts/363864530303464"
            },
            {
                "name": "Like",
                "link": "https://www.facebook.com/100000397593426/posts/363864530303464"
            }
        ],
        "privacy": {
            "description": "Public",
            "value": "EVERYONE"
        },
        "place": {
            "id": "203061176384967",
            "name": "Burj kalifa",
            "location": {
                "latitude": 25.0871533,
                "longitude": 55.13791695
            }
        },
        "type": "photo",
        "object_id": "363864190303498",
        "application": {
            "name": "Facebook for iPhone",
            "namespace": "fbtouch",
            "id": "6628568379"
        },
        "created_time": "2012-03-15T11:56:30+0000",
        "updated_time": "2012-03-15T11:56:49+0000",
        "likes": {
            "data": [
                {
                    "name": "Nicolas Gautier",
                    "id": "100003068869812"
                },
                {
                    "name": "Dirk Zurawski",
                    "id": "662812587"
                },
                {
                    "name": "Shridhar Rangarajan",
                    "id": "100002269034034"
                },
                {
                    "name": "Nadja Strein",
                    "id": "100001239631110"
                }
```

```
          ],
          "count": 7
        },
        "comments": {
          "data": [
            {
              "id": "100000397593426_363864530303464_909817",
              "from": {
                "name": "Marlene Tavignot",
                "id": "100000132914101"
              },
              "message": ":)",
              "created_time": "2012-03-15T11:56:49+0000"
            }
          ],
          "count": 1
        }
      },
      {
        "id": "100000397593426_363863480303569",
        "from": {
          "name": "Roland Fiege",
          "id": "100000397593426"
        },
        "message": "Awesome Dubai!",
        "picture": "https://fbcdn-profile-a.akamaihd.net/static-
ak/rsrc.php/v1/y5/r/j258ei8TIHu.png",
        "link": "https://www.facebook.com/pages/Dubai-Media-City/143937162313519",
        "name": "Dubai Media City",
        "caption": "Roland checked in at Dubai Media City.",
        "icon": "https://www.facebook.com/images/icons/place.png",
        "actions": [
          {
            "name": "Comment",
            "link": "https://www.facebook.com/100000397593426/posts/363863480303569"
          },
          {
            "name": "Like",
            "link": "https://www.facebook.com/100000397593426/posts/363863480303569"
          }
        ],
        "place": {
          "id": "143937162313519",
          "name": "Dubai Media City",
          "location": {
            "city": "Dubai",
            "country": "United Arab Emirates",
            "latitude": 25.092626866964,
            "longitude": 55.153646615674
          }
        },
        "type": "checkin",
        "application": {
          "name": "Facebook for iPhone",
          "namespace": "fbtouch",
          "id": "6628568379"
        },
```

```
            "created_time": "2012-03-15T11:53:29+0000",
            "updated_time": "2012-03-15T11:53:29+0000",
            "comments": {
               "count": 0
            }
        },
        {
            "id": "100000397593426_363116937044890",
            "from": {
               "name": "Roland Fiege",
               "id": "100000397593426"
            },
            "picture":
"https://www.facebook.com/app_full_proxy.php?app=87741124305&v=1&size=p&cksum=6cd26e1c62
6e46496cfd6fcac125c9c0&src=http\u00253A\u00252F\u00252Fi3.ytimg.com\u00252Fvi\u00252FnKn
fjdEPLJ0\u00252Fdefault.jpg",
            "link": "http://www.youtube.com/watch?v=nKnfjdEPLJ0&feature=autoshare",
            "source":
"http://www.youtube.com/v/nKnfjdEPLJ0?feature=autoshare&version=3&autohide=1&autoplay=1"
.
            "name": "Introducing...",
            "caption": "Beliebt auf www.youtube.com",
            "description": "Our little 9 month project.\n\nMusic: \"Wake Me\" by Message to
Bears\nhttp://www.messagetobears.com\nhttps://www.facebook.com/messagetobears",
            "icon": "https://fbcdn-photos-a.akamaihd.net/photos-ak-
snc1/v43/177/87741124305/app_2_87741124305_4027.gif",
            "actions": [
               {
                  "name": "Comment",
                  "link": "https://www.facebook.com/100000397593426/posts/363116937044890"
               },
               {
                  "name": "Like",
                  "link": "https://www.facebook.com/100000397593426/posts/363116937044890"
               }
            ],
            "privacy": {
               "description": "Friends; Except: Restricted",
               "value": "ALL_FRIENDS",
               "allow": "0",
               "deny": "0"
            },
            "type": "swf",
            "application": {
               "name": "YouTube",
               "id": "87741124305"
            },
            "created_time": "2012-03-14T06:06:47+0000",
            "updated_time": "2012-03-14T06:06:47+0000",
            "likes": {
               "data": [
                  {
                     "name": "Christian Brumm",
                     "id": "249300051"
                  }
               ],
               "count": 1
```

```
            },
            "comments": {
                "count": 0
            }
        },
        {
            "id": "100000397593426_362599970429920",
            "from": {
                "name": "Roland Fiege",
                "id": "100000397593426"
            },
            "picture": "https://fbcdn-profile-a.akamaihd.net/static-
ak/rsrc.php/v1/y5/r/j258ei8TIHu.png",
            "link": "https://www.facebook.com/pages/Dubai-Internet-City/155708961129654",
            "name": "Dubai Internet City",
            "caption": "Roland checked in at Dubai Internet City.",
            "icon": "https://www.facebook.com/images/icons/place.png",
            "actions": [
                {
                    "name": "Comment",
                    "link": "https://www.facebook.com/100000397593426/posts/362599970429920"
                },
                {
                    "name": "Like",
                    "link": "https://www.facebook.com/100000397593426/posts/362599970429920"
                }
            ],
            "place": {
                "id": "155708961129654",
                "name": "Dubai Internet City",
                "location": {
                    "city": "Dubai",
                    "country": "United Arab Emirates",
                    "zip": "73000",
                    "latitude": 25.095362826677,
                    "longitude": 55.16066282234
                }
            },
            "type": "checkin",
            "application": {
                "name": "Facebook for iPhone",
                "namespace": "fbtouch",
                "id": "6628568379"
            },
            "created_time": "2012-03-13T10:43:52+0000",
            "updated_time": "2012-03-13T10:43:52+0000",
            "likes": {
                "data": [
                    {
                        "name": "Marlene Tavignot",
                        "id": "100000132914101"
                    }
                ],
                "count": 1
            },
            "comments": {
                "count": 0
```

```
            }
        },
        {
            "id": "100000397593426_362079783815272",
            "from": {
                "name": "Roland Fiege",
                "id": "100000397593426"
            },
            "message": "The highest building on the planet. So far.",
            "picture": "https://fbcdn-photos-a.akamaihd.net/hphotos-ak-
ash4/430602_362079140482003_100000397593426_1155597_845146198_s.jpg",
            "link":
"https://www.facebook.com/photo.php?fbid=362079140482003&set=a.103326236357296.6758.1000
00397593426&type=1",
            "icon": "https://s-static.ak.facebook.com/rsrc.php/v1/yx/r/og8V99JVf8G.gif",
            "actions": [
                {
                    "name": "Comment",
                    "link": "https://www.facebook.com/100000397593426/posts/362079783815272"
                },
                {
                    "name": "Like",
                    "link": "https://www.facebook.com/100000397593426/posts/362079783815272"
                }
            ],
            "privacy": {
                "description": "Public",
                "value": "EVERYONE"
            },
            "type": "photo",
            "object_id": "362079140482003",
            "application": {
                "name": "Facebook for iPhone",
                "namespace": "fbtouch",
                "id": "6628568379"
            },
            "created_time": "2012-03-12T16:17:49+0000",
            "updated_time": "2012-03-12T21:47:38+0000",
            "likes": {
                "data": [
                    {
                        "name": "Nicolas Gautier",
                        "id": "100003068869812"
                    },
                    {
                        "name": "Jutta Gawenda",
                        "id": "100000863887379"
                    },
                    {
                        "name": "Marlene Tavignot",
                        "id": "100000132914101"
                    },
                    {
                        "name": "Beate Goike",
                        "id": "100002133481724"
                    }
                ],
```

```
                "count": 9
            },
            "comments": {
              "data": [
                  {
                    "id": "100000397593426_362079783815272_905811",
                    "from": {
                        "name": "Armin Ratajczak",
                        "id": "100000025860648"
                    },
                    "message": "Da stand ich auch vor 4 Wochen es ist unglaublich ",
                    "created_time": "2012-03-12T21:47:38+0000"
                  }
              ],
              "count": 1
            }
        },
        {
            "id": "100000397593426_362060027150581",
            "from": {
              "name": "Karl-Heinz Land",
              "id": "788628828"
            },
            "to": {
              "data": [
                  {
                    "name": "Roland Fiege",
                    "id": "100000397593426"
                  }
              ]
            },
            "with_tags": {
              "data": [
                  {
                    "name": "Roland Fiege",
                    "id": "100000397593426"
                  }
              ]
            },
            "message": "Wow look at this",
            "picture": "https://fbcdn-photos-a.akamaihd.net/hphotos-ak-
snc7/422892_10150727650258829_788628828_11316788_1526763160_s.jpg",
            "link":
"https://www.facebook.com/photo.php?fbid=10150727650258829&set=s.106552192809170&type=1"

            "caption": "Karl-Heinz checked in at At The Top, Burj Khalifa.",
            "icon": "https://www.facebook.com/images/icons/place.png",
            "actions": [
                {
                  "name": "Comment",
                  "link": "https://www.facebook.com/100000397593426/posts/362060027150581"
                },
                {
                  "name": "Like",
                  "link": "https://www.facebook.com/100000397593426/posts/362060027150581"
                }
            ],
```

```
        "place": {
          "id": "161072523910854",
          "name": "At The Top, Burj Khalifa",
          "location": {
            "city": "Dubai",
            "country": "United Arab Emirates",
            "zip": "N/A",
            "latitude": 25.196791682799,
            "longitude": 55.275305191683
          }
        },
        "type": "checkin",
        "object_id": "10150727650258829",
        "application": {
          "name": "Facebook for iPhone",
          "namespace": "fbtouch",
          "id": "6628568379"
        },
        "created_time": "2012-03-12T15:34:27+0000",
        "updated_time": "2012-03-12T15:39:47+0000",
        "likes": {
          "data": [
            {
              "name": "Petra Land-McGraw",
              "id": "100002160061609"
            },
            {
              "name": "Stefan Mayer",
              "id": "1633962263"
            }
          ],
          "count": 2
        },
        "comments": {
          "data": [
            {
              "id": "100000397593426_362060027150581_23056946",
              "from": {
                "name": "Roland Fiege",
                "id": "100000397593426"
              },
              "message": "Es gibt sogar Ricard (im 123. Stock - \u0040atmosphere",
              "created_time": "2012-03-12T15:39:47+0000"
            }
          ],
          "count": 1
        }
      },
      {
        "id": "100000397593426_361924200497497",
        "from": {
          "name": "Roland Fiege",
          "id": "100000397593426"
        },
        "picture": "https://fbcdn-profile-a.akamaihd.net/hprofile-ak-
snc4/373369_184157231608985_388571914_q.jpg",
        "link": "https://www.facebook.com/jamiesitalianuae",
```

```
            "name": "Jamie's Italian Dubai",
            "caption": "Roland checked in at Jamie's Italian Dubai.",
            "description": "Jamie Oliver's first international opening of Jamie's Italian
nestles in Dubai Festival City per...fectly among the designer retail outlets and eater-
ies of this unique neighborhood.  The team are really bringing the essence and spirit of
Italy to Dubai!See More",
            "icon": "https://www.facebook.com/images/icons/place.png",
            "actions": [
                {
                    "name": "Comment",
                    "link": "https://www.facebook.com/100000397593426/posts/361924200497497"
                },
                {
                    "name": "Like",
                    "link": "https://www.facebook.com/100000397593426/posts/361924200497497"
                }
            ],
            "place": {
                "id": "184157231608985",
                "name": "Jamie's Italian Dubai",
                "location": {
                    "street": "Dubai Festival City",
                    "city": "Dubai",
                    "country": "United Arab Emirates",
                    "zip": "Marina Pavilion",
                    "latitude": 25.223122615155,
                    "longitude": 55.351123394215
                }
            },
            "type": "checkin",
            "application": {
                "name": "Facebook for iPhone",
                "namespace": "fbtouch",
                "id": "6628568379"
            },
            "created_time": "2012-03-12T10:28:58+0000",
            "updated_time": "2012-03-12T10:54:20+0000",
            "likes": {
                "data": [
                    {
                        "name": "Karolin Bierbrauer",
                        "id": "1268991039"
                    }
                ],
                "count": 1
            },
            "comments": {
                "data": [
                    {
                        "id": "100000397593426_361924200497497_4620585",
                        "from": {
                            "name": "Karolin Bierbrauer",
                            "id": "1268991039"
                        },
                        "message": "Wow, das essen schaut lecker aus!",
                        "created_time": "2012-03-12T10:54:20+0000"
                    }
```

```
                      ],
                      "count": 1
                  }
          },
          {
              "id": "100000397593426_361623143860936",
              "from": {
                  "name": "Roland Fiege",
                  "id": "100000397593426"
              },
              "story": "Roland Fiege added a new photo.",
              "picture": "https://fbcdn-photos-a.akamaihd.net/hphotos-ak-
snc7/417018_361623000527617_100000397593426_1154444_10136693_s.jpg",
              "link":
"https://www.facebook.com/photo.php?fbid=361623000527617&set=a.103326236357296.6758.1000
00397593426&type=1",
              "icon": "https://s-static.ak.facebook.com/rsrc.php/v1/yx/r/og8V99JVf8G.gif",
              "actions": [
                  {
                      "name": "Comment",
                      "link": "https://www.facebook.com/100000397593426/posts/361623143860936"
                  },
                  {
                      "name": "Like",
                      "link": "https://www.facebook.com/100000397593426/posts/361623143860936"
                  }
              ],
              "privacy": {
                  "description": "Public",
                  "value": "EVERYONE"
              },
              "place": {
                  "id": "194107697278052",
                  "name": "Belgian Beer Cafe, Dubai Festival City",
                  "location": {
                      "city": "Dubai",
                      "country": "United Arab Emirates",
                      "latitude": 25.224200204567,
                      "longitude": 55.348909587437
                  }
              },
              "type": "photo",
              "object_id": "361623000527617",
              "application": {
                  "name": "Facebook for iPhone",
                  "namespace": "fbtouch",
                  "id": "6628568379"
              },
              "created_time": "2012-03-11T21:31:49+0000",
              "updated_time": "2012-03-11T21:34:26+0000",
              "likes": {
                  "data": [
                      {
                          "name": "Nicolas Gautier",
                          "id": "100003068869812"
                      },
                      {
```

```
                    "name": "Gabriela Costa",
                    "id": "1695566012"
                },
                {
                    "name": "Thorsten Grimm",
                    "id": "1743990002"
                },
                {
                    "name": "Christian Jean Jaures Setti",
                    "id": "611251008"
                }
            ],
            "count": 4
        },
        "comments": {
            "data": [
                {
                    "id": "100000397593426_361623143860936_904146",
                    "from": {
                        "name": "Karolin Bierbrauer",
                        "id": "1268991039"
                    },
                    "message": "I like!",
                    "created_time": "2012-03-11T21:34:26+0000"
                }
            ],
            "count": 1
        }
    },
    {
        "id": "100000397593426_361619310527986",
        "from": {
            "name": "Roland Fiege",
            "id": "100000397593426"
        },
        "picture": "https://fbcdn-profile-a.akamaihd.net/static-
ak/rsrc.php/v1/y5/r/j258ei8TIHu.png",
        "link": "https://www.facebook.com/pages/Crowne-Plaza-Festival-City-
Dubai/159945194031189",
        "name": "Crowne Plaza Festival City Dubai",
        "caption": "Roland checked in at Crowne Plaza Festival City Dubai.",
        "icon": "https://www.facebook.com/images/icons/place.png",
        "actions": [
            {
                "name": "Comment",
                "link": "https://www.facebook.com/100000397593426/posts/361619310527986"
            },
            {
                "name": "Like",
                "link": "https://www.facebook.com/100000397593426/posts/361619310527986"
            }
        ],
        "place": {
            "id": "159945194031189",
            "name": "Crowne Plaza Festival City Dubai",
            "location": {
                "street": "Festival City",
```

```
                     "city": "Dubai",
                     "country": "United Arab Emirates",
                     "latitude": 25.223843428168,
                     "longitude": 55.349302876435
                 }
           },
           "type": "checkin",
           "application": {
               "name": "Facebook for iPhone",
               "namespace": "fbtouch",
               "id": "6628568379"
           },
           "created_time": "2012-03-11T21:24:52+0000",
           "updated_time": "2012-03-11T21:24:52+0000",
           "likes": {
               "data": [
                   {
                       "name": "Gabriela Costa",
                       "id": "1695566012"
                   }
               ],
               "count": 1
           },
           "comments": {
               "count": 0
           }
       }
   ],
   "paging": {
       "previous":
"https://graph.facebook.com/me/feed?access_token=AAAAAAITEghMBAN8h68QUDoXEcbnZCzVt9qslgL
jgVyoE2zS9Rnzw1zq6cMPJ2ybXskZC99mF4NXly6YZAecsGJOWichROLSIDOKsdCJuVXkvd7YOKk9&limit=25&s
ince=1333364220&__previous=1",
       "next":
"https://graph.facebook.com/me/feed?access_token=AAAAAAITEghMBAN8h68QUDoXEcbnZCzVt9qslgL
jgVyoE2zS9Rnzw1zq6cMPJ2ybXskZC99mF4NXly6YZAecsGJOWichROLSIDOKsdCJuVXkvd7YOKk9&limit=25&u
ntil=1331501091"
   }
}
```

Literaturverzeichnis

Bücher

Davenport, Thomas H.; Harris, Jeanne G.: Competing on Analytics – The New Science of Winning. 1. Aufl.,Boston: Harvard Business School Press 2007.

Dhanjani, N.; Rios, B.; Hardin, B.: Hacking - The Next Generation. 1. Aufl., Sebastopol: O'Reilly Media Inc. 2009.

Eisinger, T.; Rabe, L; Thomas, W.: Performance Marketing, 2. Aufl., Göttingen: Business Village GmbH 2006.

Gentsch, P.; Zahn, A.-M.: Potentiale und Anwendungsfelder von Web-Monitoring im Unternehmen. In: Web-Monitoring - Gewinnung und Analyse von Daten über das Kommunikationsverhalten im Internet, Hrsg.: P. Brauckmann. 1. Aufl., Konstanz: UVK 2010. S. 104.

Hannig, U.: Grundlagen des Performance Management. In: Vom Data Warehouse zum Corporate Performance Management, Hrsg.: U. Hannig. 1. Aufl., Ludwigshafen: Institut für Managementinformationssysteme e.V. (imis) 2008. S.244ff.

Kaplan, Robert S.; Norton, David P.: The Balanced Scorecard - Translating Strategy into Action. 1. Aufl., Harvard: Harvard Business Press 1996.

Kaplan, Robert S.; Norton, David P.: Strategy Maps – Der Weg von immateriellen Werten zum materiellen Erfolg. Deutsche Fassung, 1. Aufl., Schäffer-Poeschel, Stuttgart 2004.

Koch, M.; Brommund, T.: Erfolgskontrolle - Lernen Sie von Ihren Kunden. In: Performance Marketing - Erfolgsbasiertes Online-Marketing. Hrsg.: Eisinger, T., Rabe, L, Thomas, W. 3. Aufl., Göttingen: Businessvillage GmbH 2010. S. 314ff.

Kollmann, T.: E-Business. 3. Aufl., Wiesbaden: Gabler GWV Fachverlage GmbH 2009.

Levine, R. u. a.: The Cluetrain Manifesto: The End of Business as Usual. 10th Anniversary Edition, New York: Basic Books 2009.

Mintzberg, H.: Die Strategische Planung – Aufstieg, Niedergang und Neubestimmung. 1. Aufl, München, Wien: Hanser 1995.

Mühlenbeck, F.; Skibicki, K.: Community Marketing Management - Wie man Online Communities im Internet-Zeitalter des Web 2.0 zum Erfolg führt. 1. Aufl., Köln: Brain Injection Ltd. & Co KG 2007.

Meckel, M.; Stanoevska-Slabeva, K.: Web 2.0: Die nächste Generation Internet. 1. Aufl., Baden-Baden: Nomos 2008.

Michaeli, R.: Competitive Intelligence - Strategische Wettbewerbsvorteile erzielen durch systematische Konkurrenz-, Markt- und Technologieanalysen. 1. Aufl., Berlin, Heidelberg: Springer 2006.

Parmenter, D. : Key Performance Indicators – Developing, Implementing and Using Winning KPIs, 2. Aufl. Hoboken, New Jersey, John Wiley & Sons, Inc. 2010.

Pasold, P.: Web-Monitoring als Controllinginstrument. In: Web-Monitoring - Gewinnung und Analyse von Daten über das Kommunikationsverhalten im Internet, Hrsg.: P. Brauckmann. 1. Aufl. Konstanz: UVK 2010. S. 83ff.

Pleil, T.: Web-Monitoring: Kommunizieren setzt Zuhören voraus. In: Web Monitoring - Gewinnung und Analyse von Daten über das Kommunikationsverhalten im Internet, Hrsg.: P. Brauckmann. 1. Aufl. Konstanz: UVK 2010. S. 16.

Plum, A.: Ansätze, Methoden und Technologien des Web-Monitorings - ein systematischer Vergleich. In: Web-Monitoring - Gewinnung und Analyse von Daten über das Kommunikationsverhalten im Internet, Hrsg.: P. Brauckmann. 1. Aufl., Konstanz: UVK 2010. S. 23ff.

Rabe, A.: Social Software im Unternehmen. 1. Aufl., Saarbrücken: VDM Verlag Dr. Müller e. K. und Lizenzgeber 2007.

Schiffers, O.: Tools und Kennzahlen für das Social Web. In: Web-Monitoring - Gewinnung und Analyse von Daten über das Kommunikationsverhalten im Internet, Hrsg.: P. Brauckmann. 1. Aufl., Konstanz: UVK 2010. S. 269.

Simon, N.; Bernhardt, N.: Mit 140 Zeichen zum Web 2.0. 1. Aufl., München: Open Source Press 2008.

Singh, S.: Social Media-Marketing for Dummies. 1. Aufl., Hoboken: Wiley Publishing, Inc. 2010.

Sterne, J.: Web Metrics: Proven Methods for Measuring Web Site Success. 1. Aufl., New York: Wiley Publishing Inc. 2002.

Stocker, A.; Tochtermann, K.: Anwendungen und Technologien des Web 2.0: Ein Überblick. In: Social Semantic Web. Web 2.0 - was nun? Hrsg.: A. Blumauer, T. Pellegrini. 1. Aufl., Berlin, Heidelberg: Springer 2009. S.63ff.

Solis, B: The End of Business As Usual: Rewire the Way You Work to Succeed in the Consumer Revolution. 1. Aufl., New York: Wiley Publisching Inc. 2011.

Thomas, W.: Grundlagen des Performance Marketings. In: Performance Marketing - Erfolgsbasiertes Online-Marketing. Hrsg.: Eisinger, T., Rabe, L, Thomas, W. 3. Aufl., Göttingen: Businessvillage GmbH 2010. S. 26ff.

Zerfaß, A.; Boelter, D.: Die neuen Meinungsmacher. 1. Aufl., Graz: Nausner & Nausner 2005.

Zeitschriften

Absatzwirtschaft: Social Web Marketing-Budgets. Absatzwirtschaft, Düsseldorf, 52. Jg., (2009) Sonderausgabe zum Deutschen Marketing-Tag, S. 6.

Absatzwirtschaft: Wie Marketer Misserfolge im Social Web mindern können. Absatzwirtschaft, Düsseldorf, 52. Jg. (2009), H12, S. 7.

Bächle, M.: Social Software. Informatik Spektrum, Berlin Heidelberg (2006), Bd.29, Nr. 2, S. 121ff.

Bager, J.: Megacommunities. C'T, Hannover (2010), H7/10, S. 104ff.

Beck, A.: Web 2.0 - Konzepte, Technologien, Anwendungen. HMD - Praxis der Wirtschaftsinformatik, Heidelberg (2007), Ausgabe 255, S. 5ff.

Bienert, J.: Web 2.0 - Die Demokratisierung des Internet. Information Management & Consulting, Saarbrücken (2007), Ausgabe 22, Band Nr. 1, S. 6ff.

Bleich, H.; Braun, H.: Soziale Sicherheit - Datenschutz-Schwachpunkte in Social Networks. C'T, Hannover (2010), H7/10, S. 114ff.

Granovetter, M.: The Strength of Weak Ties - A Network Theory Revisited. Sociological Theory, New York (1983), Ausgabe Nr. 1/1983, S. 201ff.

Hippner, H.: Bedeutung, Anwendung und Einsatzpotentiale von Social Software. HMD - Praxis der Wirtschaftsinformatik, Heidelberg (2006), Ausgabe 252, S. 6ff.

Hippner, H.; Wilde, T.: Social Software. Wirtschaftsinformatik, Wiesbaden (2005), Ausgabe 47, Band Nr. 6, S. 441ff.

Lembke, G.: Kunden gewinnen mit Marketing 2.0. E-Commerce Magazin, Vaterstetten (2009), Ausgabe September 2009, S. 24ff.

McNeil, L.: Teaching an Old Genre New Tricks: The Diary on the Internet. Biography, Ney York (2003), Volume 26, Number 1, Winter, S. 22ff.

Noll, J. A.: Der "Buzz" regiert den Markt. Missler, Flensburg (2010), Ausgabe März 2010, S. 10.

Rust, Roland T.; Moorman, C.; Bhalla, G.: Das neue Gesicht des Marketings. Harvard Business Manager, Hamburg (2010), Ausgabe März 2010, S. 86ff.

Sen, E.: „Social Media Measurement – Kennzahlen für Reichweiten". Social Media Magazin, Köln (2010), Heft 03-2010, S. 10ff.

Schütt, P.: Web 2.0 und Social Software. Information Management & Consulting, Saarbrücken (2007), Ausgabe Nr. 22, Band 1, S. 15ff.

Small, G.; Vorgan, G.: Die Kluft in den Köpfen. Psychologie Heute, Weinheim (2009), Ausgabe Mai 2009, S. 32ff.

Vogelstein, F.: Festung Facebook. Business Punk, Hamburg (2009), Ausgabe 1, Oktober 2009. S. 15ff.

Internetquellen

AGOF e.V. (Hrsg) (2010). AGOF internet facts 2009-IV (WWW-Seite, Stand 18.03.2010). Internet: http://www.agof.de/grafiken-if-2009-iv.download.859a3fe048d208a71d68bcd99b2b1d4e.ppt (Zugriff, 16.05.2010, 22:51MESZ).

Barger, Jorn (1999). FAQ: Weblog resources (WWW-Seite, Stand September 1999). Internet: http://www.robotwisdom.com/weblogs/ (Zugriff am 17. Mai 2010, 13:41MESZ).

Berkovitz, David (2009). Inside the Marketers Studio - David Berkowitz's Marketing Blog: 100 Ways to Measure Social Media (WWW-Seite, Stand: 17.11.2009). Internet: http://www.marketersstudio.com/2009/11/100-ways-to-measure-social-media-.html (Zugriff: 17.05.2010, 9:51MESZ).

Bernoff, Josh (2010). Social Technographics: Conversationalists get onto the ladder

Internet: http://forrester.typepad.com/groundswell/2010/01/conversationalists-get-onto-the-ladder.html (Zugriff: 22.12.2010, 8:58MESZ)

Blood, R. (2000). Weblogs: A History And Perspective (WWW-Seite, Stand 07. September 2000). Internet: http://www.rebeccablood.net/essays/weblog_history.html (Zugriff 12. März 2010, 10:35MESZ).

Bundesverband Digitale Wirtschaft (BVDW) e.V. (Hrsg.) (2009). Social Media Kompass (WWW-Seite, Stand 2009). Internet: http://www.bvdw.org/mybvdw/media/view/social-media-kompass?media=1235 (Zugriff: 18. Mai 2010, 09:40MESZ)

Döbler, T. (2007). Fazit Forschung: Social Software (WWW-Seite, Stand 2007). Internet: http://www.fazit-forschung.de/fileadmin/_fazit-forschung/downloads/FAZIT_Schriftenreihe_Band_5.pdf (Zugriff, 18. Mai 2010, 9:02MESZ).

Göldi, Andreas (2008). Werbung: Das Komplexitätsproblem von Social-Media-Marketing » netzwertig.com (WWW-Seite, Stand: 18.12.2008). Internet: http://netzwertig.com/2008/12/18/werbung-das-komplexitaetsproblem-von-socialmediamarketing (Zugriff: 16.05.2010, 20:11MESZ).

Golder, S. A.; Huberman, B. A. (2005). The Structure of Collaborative Tagging Systems (WWW-Seite, Stand: 2005). Internet: http://arxiv.org/pdf/cs.DL/0508082 (Zugriff: 17. Mai 2010, 14:14MESZ).

Herrmann, A.; Brandenberg, A.; Rösger, J. (2009). „The Deer has now a Gun!" – von der neuen Macht der Konsumenten (WWW-Seite, Stand 06. November 2009). Internet: http://www.echolot.com/fileadmin/Dateien/061109_Interaktives_Marketing_Szenar ien_v1_01.pdf (Zugriff, 18. Mai 2010, 09:05MESZ).

Kwak, H. u. a. (2010). What is Twitter, a Social Network or a News Media (WWW-Seite, Stand 26. April 2010). Internet: http://an.kaist.ac.kr/~haewoon/papers/2010-www-twitter.pdf (Zugriff: 11. Mai 2010, 23:41MESZ).

Lange, C.: Web 2.0 (2007). Das Web ist zurück (WWW-Seite, Stand 2007). Internet: ftp://ftp.oreilly.de/pub/katalog/web20_broschuere.pdf (Zugriff: 10. März 2010, 15:52MESZ).

Mathes, A. (2004). Folksonomies - Cooperative Classification and Communication Through Shared Metadata (WWW-Seite, Stand Dezember 2004). Internet: http://www.adammathes.com/academic/computer-mediated-communication/folksonomies.html (Zugriff: 14. März 2010, 15:58MESZ).

Medienpädagogischer Forschungsverbund Südwest (Hrsg.) (2009). JIM 2009 Jugend, Information, (Multi-)Media Basisstudie zum Medienumgang 12- bis 19-Jähriger in Deutschland (WWW-Seite, Stand November 2009). Internet: http://www.mpfs.de/fileadmin/JIM-pdf09/JIM-Studie2009.pdf (Zugriff: 18. Mai 2010, 09:20MESZ).

Merriam-Webster (Hrsg.) (2004). Merriam-Webster Online (WWW-Seite, Stand November 2004). Internet: http://www.merriam-webster.com/info/pr/2004-words-of-year.htm (Zugriff: 18. Mai 2010, 09:24MESZ).

Nielsen, J. (2006). Participation Inequality: Encouraging More Users to Contribute (WWW-Seite, Stand Oktober 2006). Internet: http://www.useit.com/ alertbox/participation_inequality.html (Zugriff: 22. Dez. 2010).

The Nielsen Company (Hrsg) (2009). Nielsen Global Online Consumer Survey Trust, Value and Engagement in Advertising (WWW-Seite, Stand 15. Juli 2009). Internet: http://blog.nielsen.com/nielsenwire/wp-content/uploads/2009/07/trustinadvertising0709.pdf (Zugriff: 18. Mai 2010, 09:28MESZ).

VDMA Leitfaden, Web 2.0 in der Investitionsgüterindustrie (2011), Internet: http://www.vdma.org/wps/portal/Home/de/Branchen/S/SW/SW_A110704_LF-WEB20?WCM_GLOBAL_CONTEXT=/wps/wcm/connect/vdma/Home/de/Branche n/S/SW/SW_A110704_LF-WEB20 (Zugriff: 15. August 2011, 11:50 MESZ)

Vittal, S.; Doty, C.; Z.; Bowen, E. (2009). Listening Metrics That Matter - Forrester Research (WWW-Seite, Stand 29. Mai 2009). Internet:

http://www.forrester.com/rb/Research/listening_metrics_that_matter/q/id/54700/t/2
(Zugriff: 18. Mai 2010, 09:31MESZ).

Studien

Rossmann, A.: Next Corporate Communication - Perspektiven von Social Media
für Marketing und Unternehmenskommunikation. Universität St. Gallen - Institut
für Marketing (IFM) (Hrsg.), St. Gallen (2009), Teilergebnis I.